# 돌아보니
## 녀석이
### 있었다

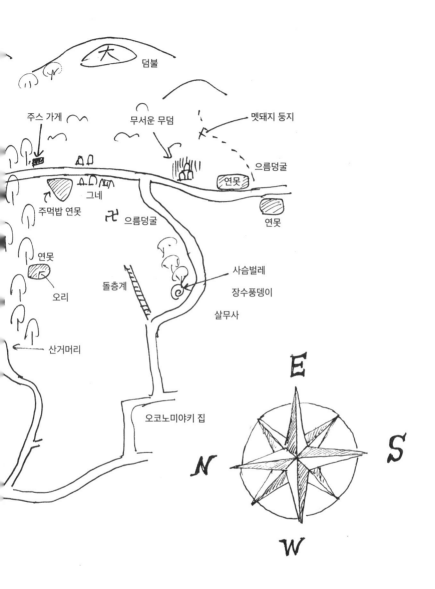

덤불

주스 가게

무서운 무덤

멧돼지 둥지

으름덩굴

연못

그네

주먹밥 연못

으름덩굴

연못

연못

오리

돌층계

사슴벌레

장수풍뎅이

살무사

산거머리

오코노미야키 집

E

N

S

W

저자가 직접 그린, 어린 시절을 보냈던 집 뒷산과 그 주변.
다양한 야생동물과 만났던 이 반경 1.5킬로미터 정도의
아담한 공간은 무엇이든 전부 가르쳐주는 모험의 세계였다.

## 일러두기

1___ 51쪽에서 언급된 스스텐(スステン)은 대응하는 한국명이 존재하지 않으므로 '먹담비'로 번역했습니다.

2___ 83쪽, 농어(スズキ, 스즈키)에 관해서 '스즈키는 성장함에 따라 훗코, 세이고, 스즈키로 명칭이 바뀌는 출세어'라는 언급이 등장합니다만, 한국에서는 농어의 새끼를 뭉뚱그려 '껄떼기(혹은 깔따구, 가지메기)'라고 부르기 때문에 훗코와 세이고를 합쳐서 껄떼기로 갈음하였습니다.

3___ 86쪽에서 언급된 긴부나(ギンブナ)는 대응하는 한국명이 존재하지 않는 물고기이므로 일본명을 직역하여 '은붕어'로 번역했습니다.

4___ 260쪽에서 언급된 오야마카와게라(オオヤマカワゲラ)는 대응하는 한국명이 존재하지 않았기에 '오야마강도래'라고 번역했습니다. '오야마(大山)'를 '큰 산' 혹은 '산'으로 직역하지 않은 이유는 해당 곤충의 명칭이 일본의 군인 '오야마 이사오(大山巌)'에서 따온 이름이기 때문입니다.

5___ 307쪽에서 언급된 맛카친(マッカチン)은 일본에서 통용되는 미국가재의 별명으로, 한국에서 미국가재를 부르는 또 다른 이름인 '붉은가재'로 번역했습니다.

6___ 316쪽에서 언급된 누마가에루(ヌマガエル)는 대응하는 한국명이 존재하지 않았기에 이름을 직역하여 '늪개구리'로 번역했습니다.

7___ 면지의 지도에 실린 지무구리(ジムグリ)는 대응하는 한국명이 존재하지 않았기에 영문명인 'Japanese Forest Ratsnake'를 직역하여 '일본숲쥐잡이뱀'으로 번역했습니다.

8___ 내용을 이해하는 데 꼭 필요하다 생각되는 핵심적인 부분에는 역주를 추가했습니다.

까마귀 박사의
생물 관찰기

# 돌아보니
# 녀석이
# 있었다

마쓰바라 하지메 지음
곽범신 옮김

대학 업무 때문에 스웨덴을 찾았을 때, 웁살라대학 박
물관 관계자 분의 초대로 참석한 홈 파티에서 베리를 곁
들인 아이스크림이 디저트로 나왔다.

"이건 클라우드베리라고 하는데, 맛이 조금 독특하다
보니 호불호가 갈릴지도 모르겠네요. 라플란드에서 따
왔답니다."

관장인 마리카 씨가 옅은 살구색 과일을 가리키며 설
명했다. 스칸디나비아반도 북부에 위치한 라플란드는
순록을 풀어놓고 기른다는 지역이다. 서머하우스라고

부르는 작은 별장을 보유한 스웨덴 사람들은 굳이 여름 휴가철이 아니더라도 이따금 자연 속에서 지내기를 즐긴다고 한다.

"일본에도 이런 베리가 있나요? 따러 가기도 하나요?"

"블루베리는 일본의 기후에서 일반적이지 않지만 라즈베리(나무딸기)는 있어요. 초여름의 즐거움이죠."

그렇게 대답하면서도 '뭐, 나무딸기를 따러 몇 시간씩 차를 몰지는 않지만' 하고 생각하고 있으려니 그때까지 별다른 말없이 주최자 역할에만 충실하던 집주인이 입을 열었다.

"멋지군. 그런 경험이 소중하다네. 자연의 모습을 알기 때문에 우리들은 그 변화도 알아차릴 수 있는 거야."

집주인은 낚시를 좋아하는 사람이었는데, 전채 요리로 나온 훈제 연어는 얼마 전 낚아온 녀석이라고 했다. 10킬로그램이나 되는 월척이었단다. 나도 낚시를 좋아한다고 하자 그는 "그렇구먼, 자네와는 이래저래 할 말이 많겠어"라고 대답했으나, 스케일이 달라도 너무 다른데요.

허나 하고 싶은 말이 무엇인지는 잘 알겠다. 네, 그런 경험이라면 얼마든지 있고말고요. 어렸을 때부터 가까운 연못에서 붕어 낚시를 하곤 했지요. 고향집 뒤편 저수지에서 나무딸기도 자주 따먹었답니다. 하지만 가장 맛있는 건 주먹밥 연못으로 가는 길목의 덤불에서 딴 나무딸기였어요. 그 앞에 있는 으름덩굴도 맛있었고, 좀 더 들어가면 나오는 잡목림에서 살무사를 밟았을 때는 엄청 무섭기도 했고, 뒷산을 탐험한 적도 있었지요.

이 모든 추억을 영어로 어떻게 번역하면 좋을까 고민하는 사이에 화제가 흘러가고 말았지만 나는 머나먼 이국땅에서 나고 자란 산과 들을 떠올리고 있었다.


내가 자란 곳은 나라(奈良) 시내, 나라 공원과 가까운 산기슭이었다. 논이 있고, 저수지가 있고, 숲이 있고, 산이 있고, 계곡이 있었다. 시골에서 자란 아이들은 그곳에서 다양한 경험을 한다. 재미있다가도 무시무시하고, 쓰라리면서도 황당한, 이루 말하기 힘들 만큼 다양한 경험을. 그곳에서 무엇을 얻게 될지는 사람마다 다르겠지만 나는 이후 동물학을 배울 때 가장 중요한 비결을 체득했다고 생각한다.

이를테면 나뭇가지에 앉은 잠자리를 잡는 방법. 걸어가다 사슴을 발견했을 때. 뱀을 찾는 방법. 장수풍뎅이가 날아오르려 할 때. 살무사와 마주치면 어떡해야 할까.

이런 것들을 자연 속에서 뛰노는 사이에 배웠다. 말하자면 야생동물과 적절히 거리를 두는 방법이라 할 수 있겠다. 그 편안한 긴장감이나 온몸을 센서 삼아 주변을 살피려는 태도는 40년이 지난 지금도 여전히 몸에 심어져 있다. 그런 가르침들이 없었다면 야외에서 동물을 연구할 수는 없었으리라.

중요한 것들은 모두 뒷산이 알려주었다.

# 목차

시작하며

# 처음 만난
## 쌍안경

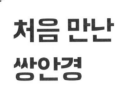

딱새,
멧새,
박새,
찌르레기

●

박물관 사무실에서 컴퓨터를 들여다보고 있으려니 액정 화면에 반사된 풍경 속에서 검은 그림자가 움직이고 있었다.

반사적으로 고개를 돌리자 바로 내 뒤쪽 창문 밖에서 큰부리까마귀 한 마리가 가로질러 날아가던 참이었다. 그대로 날아 도쿄역 역사 위에 앉는다. 잽싸게 손을 뻗어서 책상 위에 있던 쌍안경을 집어 들고 창 너머를 확인한다. 흠, 큰부리까마귀가 틀림없군. 먹이는 물고 있지 않은 모양이다. 멈춰 서서 주변을 두리번거리는 중이다.

마루노우치에 쭉 머물고 있는 한 쌍의 큰부리까마귀 중 한 마리이리라.

옆자리의 동료는 나의 움직임을 알아차렸겠지만 별 말이 없다. 역시 몇 년이나 함께 일을 하다 보면 위장복 차림으로 나타나든, 거대한 배낭을 짊어진 채 나타나든, 대뜸 쌍안경이 튀어나오든 '마쓰바라라면 그럴 만하지' 하고 흘려 넘기게 되나 보다.

쌍안경은 현장으로 출동하는 조류학자의 기본 장비다. 만약 가능하다면 몸에 심어두고 싶을 정도다. 쌍안경을 꺼낼 시간도 아까우니까. 게다가 쌍안경은 새를 볼 때가 아니라도 쓸모가 많다. 학회에 참석했는데 슬라이드의 글자가 작아서 보이지 않을 때나 모르는 동네에서 가게를 찾을 때, 때로는 자동차 조수석에서 멀리 떨어진 표지판을 읽을 때도 쌍안경은 큰 도움이 된다.

참고로 지금 손에 든 쌍안경은 니콘에서 나온 소형 쌍안경으로, 예비용이다.

지금까지 살아오면서 여러 대의 쌍안경을 거쳤지만 첫 만남은 초등학교에 올라갈까 말까 하던 때였다.

○

"이거, 히로하루 할아버지 물건이려나."

"히로하루 할아버지가 누군데?"

"할아버지의 아버지니까, 너한테는 증조할아버지지."

"우와―."

"옛날에 군대에 계셨으니까 그때 쓰시던 물건이 아닐
까."

그것이 내가 처음으로 사용한 쌍안경이었다. 어떤 쌍
안경이었는지는 잘 기억이 나지 않지만 아마도 망원경

두 개를 나란히 붙여놓은 것처럼 생긴 구식이었을 테니 정립 프리즘을 사용하지 않는 갈릴레이식 쌍안경(갈릴레오 갈릴레이가 고안한 갈릴레이식 망원경은 물체가 똑바로 보이지만 시야가 좁다는 단점이 있어 현재는 거의 사용하지 않는다. 현재 주로 사용하는 굴절망원경의 원형은 케플러식 망원경으로, 시야가 넓은 반면 사물이 거꾸로 보인다는 문제가 있었다. 여기서 정립 프리즘이 거꾸로 뒤집힌 상을 바로 세워주는 역할을 한다—옮긴이)이었으리라. 배율은 6배쯤 되지 않았을까.

전체적으로 금속 재질이어서 묵직했고, 색칠이 완전히 벗겨져서 칙칙한 바탕색이 드러나 있었으며, 모서리는 모두 닳아 있었다. 게다가 작동부의 윤활유도 완전히 굳은 상태여서 초점을 맞추고 싶어도 나사가 너무 뻣뻣하다 보니 초점 조절 나사의 톱니가 손가락에 파고들어 아플 정도였다.

원래는 올리브색이나 다른 어떤 색이었을 투박한 쌍안경은 겉모습만 보면 실제로 군용 같았다. 당시는 쌍안경이라 하면 당연히 함장이 쓰는 물건인 줄 알았기에 '증조할아버지가 살던 시절＝아주 옛날＝러일전쟁＝쓰시마해전!'이라는 식으로 성급히 결론을 내리고 말았는

첫 번째 쌍안경

데, 생각해보면 조상 중에 해군은 없었다. 만약 군인과 관련된 물건이라면 육군 사관이었던 증조부의 물건이리라. 물론 당시 사관의 장비품은 대개 본인 부담이었으니 그 쌍안경 또한 보급품이 아니라 사제였을 것이다.

아무튼 쭉쭉 금이 간 가죽 끈(스트랩보다는 가죽 끈이라는 표현이 더 어울린다)이 딸린 이 쌍안경은 내 인식을 크게 바꾸어놓았다.

렌즈를 눈에 갖다 대기만 했는데 멀리 떨어진 물체가 가깝게 보인다! 여기서는 멀어서 잘 알아보기 힘들었는데 비둘기라는 걸 확실하게 알 수 있다니! 경이로웠다. 다만 무슨 비둘기인지는 모른다. 회색이면 집비둘기, 갈색 빛이 돌면 멧비둘기겠으나 영상이 어둡고 거친 데다 색깔까지 흐릿하다 보니 아무리 눈에 힘을 준들 도무지 알 길이 없었던 것이다. 마음의 눈으로 보고 '멧비둘기가 분명해!'라고 확신한 뒤 다가가 보니 집비둘기였던 적도 간혹 있었다. 애당초 현대의 기준으로 보면 모자란 성능이었을 텐데, 그런 쌍안경이 낡기까지 한 탓에 렌즈에는 곰팡이가 잔뜩 피어 있었던 것이다.

하지만 목에 쌍안경을 걸고 있노라면 마음만은 함장이 된 기분이었다. 그때부터 근방을 돌아다닐 때면 쌍안경과 함께한다는 즐거움이 늘어났다.


하지만 크고 무거우며 투박한 주제에 잘 보이지도 않는 쌍안경은 무척 불편했다. 그래서 작은 오페라글라스를 써보기도 했지만 3배 정도의 배율은 '없는 것보다 나은' 정도에 불과했다. 따라서 열악한 선명도를 마음의 눈으로 보충해가며 안간힘을 쓰거나, 아니면 부족한 배율을 타고난 시력으로 메우거나, 둘 중 하나였다.

돌이켜보면 당시 나의 시력은 엄청났으리라고 본다. 제법 멀리 떨어져 있었는데도 나뭇가지 끝에 앉은 작은 새가 거뜬히 보였다. 150미터 떨어진 가정집 창문이 열려 있으면 방 안에 널어놓은 수건이 보일 정도였다. 이런 시력을 거드는 정도라면 시원찮은 쌍안경이라도 그럭저럭 가능했다.

하지만 이런 신들린 시력은 어린이들의 전유물이다. 나이를 먹으면 그것도 마음 같지 않다. 그래서 아버지가 빌려준 물건이 바로 훨씬 근대적인 쌍안경이었다.

8배에서 16배까지 확대가 가능하며 구경은 40밀리미터인 빅센사(社)의 쌍안경. 아버지는 근무하던 고등학교에서 천문부의 고문을 맡고 있었기에 달 표면을 관측할 목적으로 쌍안경을 갖고 있었던 모양이다. 달 관찰 정도라면 커다란 천체망원경이 없더라도 문제없다. 16배까지 배율을 올리면 월면의 분화구도 뚜렷하게 보인다.

하지만 지상의 목표물을 보기에 16배로는 조금 힘들었다. 그렇게까지 배율을 높이면 손 떨림이 심해지고 시야는 새까맣게 변하며 화질도 떨어진다. 실제로 써먹기에는 고작해야 12배가 한계로, 그다음부터는 눈을 부릅뜨는 편이 더 뚜렷하게 보였다. 일반적으로 조류 관찰에는 8배에서 10배 정도의 배율을 사용한다.

아무튼 이 쌍안경은 경이로웠다. 우선 색이 선명하게 보인다. 증조부의 쌍안경을 썼을 때는 반쯤 흑백으로 보였던 세상이 선명한 총천연색으로 바뀌었다. 게다가 영상에 입체감이 생겼다. 아마도 이전까지 사용했던 쌍안경은 광축도 비뚤어져 있었으리라. 말하자면 이때 처음으로 '멀쩡한' 쌍안경을 써본 셈이다.

결국 이 쌍안경은 내 전용으로 바뀌었고, 오랫동안 나의 눈이 되어주었다. 야쿠시마섬의 원숭이, 시모가미신사의 까마귀, 집 근처 전신주에 앉은 올빼미까지 모두 이 쌍안경으로 보았다. 단점은 무게가 900그램이 넘어가다 보니 걷기만 해도 가슴에 부딪쳤고, 달릴라치면 걸음걸음마다 가슴을 때려서 아프다는 점이었다. 한번은 비탈길에서 미끄러졌다가 붕 떠오른 쌍안경에 얼굴을 맞아서 멍이 든 적도 있었다.

# 어디인지 모르겠어라는 문제

  학생에게 쌍안경을 휙 건네며 "자, 저기 새가 있다"라고 말했다 치자. 곧바로 "우와, 진짜네!" 하고 환성을 지르는 인원은 절반 이하다. 대개는 쌍안경의 시야에 목표물을 담지 못한다.

  8배로 확대된 시야는 무척 좁아져 있으니 당연하다면 당연한 일이다. 게다가 손에 든 쌍안경이 향한 곳과 육안으로 본 것이 정확히 일치하리라는 보장이 없다. 그러면 좁은 시야 안에 보고 싶은 물체가 들어오지 않으며, 자신이 어디를 보고 있는지도 헷갈리게 된다. 육안으로 볼 때는 '저 나무 오른쪽 위에 있는 나뭇가지 사이로 나뭇잎이 엉켜 있는 곳'임을 알고 있지만 막상 확대해보면 전혀 다르게 보이기 때문이다.

이런 상황을 벗어날 방법 중 하나는 새에게로 도달하는 길목을 기억하는 것이다. 예를 들어 조금 전에 언급한 '저 나무 오른쪽 위에 있는 나뭇가지 사이로 나뭇잎이 엉켜 있는 곳'이라면, 우선 '저 나무'의 줄기를 시야에 담는다. 그 줄기를 따라가면서 '오른쪽 위에 있는 나뭇가지'가 줄기에서 갈라져 나온 부분까지 움직인다. 이어서 그 가지를 따라가면 새가 앉아 있을 것이다. 새 전문가도 배경이 복잡해서 시야에 제대로 들어오지 않을 때는 이런 방법을 사용한다.

하지만 움직임이 빠른 새를 상대로 이런 방법을 썼다간 목표까지 도달하기도 전에 새가 움직이고 만다. 특히 숲속에서 박새 따위가 머리 위의 나뭇가지에 앉아 있을 때는 최악이다. 뒤얽힌 나뭇가지를 보고 '여기서 이쪽으로 뻗어서 이쪽으로 갈라지는데' 하고 일일이 설명할 수도 없을뿐더러, 박새 무리는 제각기 쯔핏—, 쯔쯔핏— 하고 울어대며 쉴 새 없이 움직이기 때문이다. 이럴 때는 역시나 일정한 지점을 노려서 단번에 시야에 담는 훈

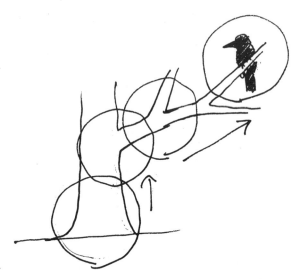

쌍안경을 이용해
새에게로 도달하는 방법

런이 필요하다.

내가 실시한 것은 '저기 전신주 꼭대기', '맞은편 집의
저쪽 창문'과 같이 목표를 정한 다음, "하나, 둘, 셋" 하고
쌍안경을 눈에 척 갖다 대며 단번에 목표를 포착하는 훈
련이었다. 말하자면 쌍안경을 사용한 발도술이다.

이 훈련의 비결은 목표물로 눈길을 돌렸다면 시선과
머리를 고정한 채 쌍안경만 자신의 눈앞으로 가져가는

것이다. 얼굴이 쌍안경으로 마중을 나가서는 안 된다. 목표를 시야 정중앙에 고정한 상태에서 쌍안경이 눈앞에 정확히 안착한다면 목표는 틀림없이 시야 한가운데에 자리하고 있을 것이다.

실제로는 손에 든 쌍안경이 미세하게 비뚤어지므로 눈으로 가져간 다음에 재차 바로잡아야겠으나, 계속 반복하다 보면 몸이 요령을 기억할 것이다. 이 기술을 완전히 터득하면 '비행 중인 새를 찾아내 쌍안경을 들면서 정확히 시야에 집어넣기' 같은 재주도 부릴 수 있다(상대방의 움직임을 예측하고 시야와 쌍안경을 물 흐르듯 움직이는 연습이 필요하겠지만).

실습에서 학생들에게 연습을 시킬 때는 "자, 그럼 강당 지붕 꼭대기!" 하고 손가락으로 가리켰지만 게임처럼 즐기는 방법도 있으리라. 예를 들어 조수가 몇 명 있다면 공원 곳곳에 서 있는 조수가 무작위하게 들어 올린 팻말에 쓰인 글자를 읽는 방법도 괜찮을 듯싶다. 어디서 들은 사례지만 10미터쯤 떨어진 곳에서 동전을 쓱 꺼내면 얼마인지 맞추는 것도 재미있어 보인다.

실제로 새 전문가가 새를 발견하더라도 그 새가 똑똑히 보이리란 보장은 없다. '저쪽에서 뭔가 움직였다. 또 움직였군. 잘 보이지는 않지만 새의 움직임이야'라고 판단했다면 그 한 점에 눈을 고정한 채 일단 쌍안경을 들고 보는 것이다. 그러고 나서 쌍안경의 시야 안에 있어야 할 새를 찾는 경우도 드물지 않다. 다만 이때도 처음에 '저기 어디쯤인데' 하고 어림짐작하는 것은 육안이 할 일이다. 쌍안경은 시야가 너무 좁아서 주변 전체를 살피기에는 적합하지 않기 때문이다.

아무튼 지금까지 겪어본 일 중에서 가장 황당한 상황은 이러했다.

"선생님, 쌍안경이 아예 새까매서 아무것도 안 보이는데요!"

"렌즈 뚜껑부터 벗겨야지."

어린 시절, 쌍안경과 더불어 내게 새를 가르쳐준 것
은 낡은 조류도감이었다. 사진이 아니라 배경이 들어간
컬러 일러스트로, 암수 한 쌍이 그려져 있었다. 그림체
가 다소 쓸쓸하다 보니 가을을 주제로 한 그림책 같다고
생각했던 기억이 난다. 지금에 와서야 알게 된 사실이
지만 그 그림은 서양 박물화의 흐름을 고스란히 물려받
은 정통파였다. 암수를 함께 그려놓은 이유는 색깔이나
모양의 차이를 나타내기 위해, 배경을 그려놓은 이유는
서식 환경이나 생태를 알려주기 위해서다. 오듀본(John

Audubon. 미국의 조류연구가이자 화가-옮긴이)의 박물화 등을 보면 그야말로 앞서 언급한 방식대로 그려져 있다.

읽고 또 읽었지만 새를 기억하기란 꽤나 어려운 일이었다. 게다가 야외에서 볼 때는 곤충과 전혀 다른 문제가 있었다. 곤충은 손으로 잡고 찬찬히 살펴보면 되겠으나 새는 잡을 수가 없다. 멀리서는 그림과 똑같이 보이지도 않는다. 그렇다고 창가에 날아든 새를 커튼 사이로 몰래 훔쳐보면 이번에는 너무 가까워서 다르게 보인다. 깃털 하나까지 구분할 수 있는 거리에서 보면 직박구리 같은 새는 전혀 다른 느낌인 것이다. 가까이에서 바라보면 '얼굴이 이렇게 칙칙한 색이었나?' 싶고, 몸통도 비늘로 뒤덮인 것처럼 보인다.

이때 의외로 도움이 된 것이 도감의 면지에 그려져 있던 '다양한 새의 실루엣'이었다. 쌍안경이 낡아서 색깔이 정확하게 보이지 않더라도 실루엣만큼은 알 수 있다. 게다가 실루엣을 보면 그림과 비교해가며 이름을 맞히는 게임 같았기에 저도 모르게 도전하고 싶어지곤 했다. 내가 새의 종류를 기억하게 된 것은 이때부터였다.

처음에는 '이건 어딜 봐도 까마귀', '이건 참새'라는 식으로 기억해나갔지만 참새와 방울새와 멧새는 구별하기 어려웠다. 자세히 보니 방울새의 실루엣에는 날개깃 중간에 하얀 무늬가 그려져 있었다. 그래, 이게 있으면 방울새구나. 멧새는? 아하, 이건 얼굴에 무늬가 있네. 게다가 위를 향해 입을 벌린 그림이었으니 분명 울고 있는 중이겠지. 여기, 지면에 서 있는 건? 맞아, 머리에 앙증맞은 도가머리(새의 머리에 길게 난 털-옮긴이)가 나 있으니 종다리가 분명해. 똑같이 지면에 서 있지만 헹! 하고 가슴을 편 듯한 녀석은 개똥지빠귀. 훨씬 땅딸막한 데다 볼이 하얗고 발이 빨갛게 그려진 녀석은 찌르레기.

뭐, 이걸 기억했다 해서 야외에서 곧바로 알아볼 수

방울새(왼쪽)와 종다리(오른쪽)의 실루엣

있다는 말은 아니다. 그럭저럭 알아볼 만했던 새는 참새와 비둘기, 까마귀였다. 헌데 참새를 닮았으면서 참새는 아닌 새가 앞마당에서까지 쪼르르 튀어나오자 무척이나 당혹스러웠다. 한동안 고심한 뒤, 마당에 있는 참새처럼 작은 새는 모두 세 종류, 각각 참새, 촉새, 쑥새라는 판정을 내렸다. 참새는 암수가 모두 같은 색이지만 촉새와 쑥새는 암수가 각자 무늬가 다르므로 패턴은 모두 다섯 가지다.

그 뒤로 할미새나 방울새도 추가되었다. 꼬리가 길고 잘 빠진 할미새는 이웃집 지붕에 앉아 있는 모습이 자주 눈에 띄었다. 방울새는 실루엣과 달리 초록빛이 감도는 카나리아 같은 새였지만 날개의 노란색 무늬는 그야말로 도감에서 본 그대로였다.

까마귀에는 큰부리까마귀와 그냥 까마귀가 있다고 쓰여 있었으나 처음에는 뭐가 뭔지 알아보지 못했다. 자세히 살펴보니 이마의 돌출된 형태가 달랐지만 관찰하다 보면 구별하기 힘든 상황이 발생했다. 이마야 그저 깃털만 눕히면 바로 평평해지니 당연한 일이다.

처음에는 도감을 보더라도 알아보기 어렵다. 그러다 실제로 관찰하는 사이에 도감 속 내용과 똑같다는 사실을 깨닫는다. 그리고 계속해서 보다 보면 도감과는 다른 모습도 발견할 수 있다. 뭔가를 익힐 때는 이처럼 '알았다 몰랐다'를 되풀이하며 나아가게 되는 듯하다.

물론 자신이 본 것이 도감과 미묘하게 다르다 해서 도감이 틀렸을 경우는 거의 없다. 도감의 집필 방식은 최대공약수 같은 느낌이므로 '아, 물론 그런 것도 있지만 그렇게 일일이 다 쓰려면 빈칸이 모자라서요'라는 상황이 대부분이다(아주 드물게 진짜 엄청난 발견이 있기도 하지만). 다만 '어쩌면 내가 엄청난 발견을 한 게 아닐까?'라는 기대감은 무척 중요하다. 그런 동기부여 없이는 야외 탐험도 불가능하기 때문이다. ……뭐, 다분히 중2병스럽기는 하지만.

도감에는 큰까마귀, 떼까마귀 같은 종류도 실려 있었다. 큰까마귀는 허리를 구부린 별난 모습으로 그려져 있었으며 "까꿍, 까꿍 운다"라고 적혀 있었다. 날고 있을 때는 꼬리가 쐐기 모양처럼 보인단다. 그런 녀석은 보지도 듣지도 못했다. 눈 쌓인 바위 밭에 앉아 있는 그림만 보더라도 도무지 인연이 없을 듯하다.

한편 그림 속 떼까마귀는 보랏빛이 가미된 아름다운 광택을 띠고 있었는데, 일본 규슈 지방이나 시코쿠 지방을 찾는 겨울새라고 쓰여 있었다. 뭐야, 시코쿠에서 긴키 지방이라면 그리 멀지 않잖아. 어쩌면 이런 까마귀도 있을지 모른다는 생각에 매번 기대감에 차서 살펴보고는 했지만 쌍안경의 시야에 들어오는 까마귀는 큰부리까마귀 아니면 그냥 까마귀뿐이었다. 논에 까마귀 몇 마리가 앉아 있으면 "떼까마귀인가?" 하고 힘차게 쌍안경을 들어보지만 녀석들은 역시나 평범한 큰부리까마귀였다.

까마귀는 재미있는 새인 데다 《시튼 동물기》의 〈세상에 둘도 없는 까마귀〉 편만 보자면 무척 영리한 새 같기도 하니 근처에 있거든 일단 시야에 담았다. 하지만 까마귀를 집요하게 지켜볼 만큼 각별하게 관심이 있는 건 아니었다. 까마귀가 얼마나 재미있는 동물인지를 제대로 깨달은 때는 훨씬 이후의 일이다.

## 몬쓰키* 를 입은 그녀석

○

그렇게 새의 이름을 정확하게 외우려던 초등학생 때, 앞마당에 작고 예쁜 새가 나타났다. 크기는 참새만 했다. 은회색 머리에 얼굴과 날개는 검었으며, 날개에는 하얀 무늬가 있었다. 가슴부터 배까지는 선명한 오렌지색. 접은 날개에 감춰진 허리 역시 오렌지색이었다. 꼬

---

*몬쓰키　일본의 전통 복장으로, 가슴과 소매 부분에 하얀 문장이 그려져 있다-옮긴이

리를 흔들며 힛, 힛, 힛, 아니면 쩩, 쩩, 쩩, 하고 울었다. 이 독특한 색깔의 새는 도감에서 본 적이 있었다. 다시 한번 페이지를 펼쳐서 확인해보니…… 이 녀석이었군. 딱새였다.

딱새는 러시아나 중국에서 찾아오는 겨울새다. 공원이나 앞마당에도 자주 보인다. 수컷은 화려하기도 하거니와 헷갈릴 수 없는 색깔이다 보니 초보자라도 구분하기 쉽고, 기억해두면 어쩐지 반가운 새다. 반면에 암컷은 수수하지만 오렌지색을 띤 배와 날개에 그려진 하얀 '문장'에 주의하면 구분할 수 있다. 게다가 딱히 겁이 없는 새인지라 은근슬쩍 다가가면 제법 가깝게 접근할 수도 있다. 새에게 겁을 주지 않고 관찰하는 훈련에도 안성맞춤이다.

때마침 이전처럼 아버지에게 낡은 카메라를 받은 참이어서 마당에 내려왔을 때를 노려 촬영도 해보았다. 사진을 보니 평소와 다를 바 없는 마당의 풍경이 찍혀 있었다. 새가 어디에 있는지 눈을 비비며 살펴보았지만 도무지 알 수가 없었다. 표준 렌즈로 평범하게 찍었으니 당연한 일이다. 육안으로는 새가 보였다 한들 사진으로 찍어보면 '점'에 불과하다.

기억하면 어쩐지 반가운 새, 딱새

그래서 다음에 딱새가 찾아왔을 때는 카메라를 들고 다가가 보았다. 당연히 파인더 안에서 딱새를 발견하기도 전에 새는 자리를 떠버렸다. 몇 번을 다가가 보았지만 매번 도망쳤다. 결국은 싫증을 내며 어디론가 날아가고 말았다. 계속해서 도망치는 새에게 곧장 다가가 렌즈를 들이민다면 당연히 그럴 것이다.

새는 자신을 주시하는 것, 자신의 움직임에 반응하는 것, 자신을 쫓아오는 것에 민감하다. 그런 상대는 십중팔구 자신을 노리는 적이기 때문이다. 최근에는 일단 사진부터 찍고 보자는 생각 탓인지 '새는 원래 도망치는 동물'이란 사실을 잊은 채 성큼성큼 다가가는 사람도 있는 듯한데, 그렇게 새가 겁을 낼 만한 짓은 해선 안 된다 (뭐, 그런 사람은 요즘뿐 아니라 예전에도 있었지만 최근에는 디지털카메라도 많이 발달했고, 인터넷에 마음껏 사진을 올릴 수 있어서인지 유난히 눈에 띈다). 피사체에게는 합당한 경의를 표해야 한다. 그러려면 새에 관한 최소한의 지식, 그리고 무엇보다 새가 느끼는 긴장감, 경계심과 같은 '거리감'을 파악할 필요가 있다.

아무튼 이러한 경험을 통해 '꼿꼿하게 서서 접근하지 마라', '빤히 쳐다보면서 접근하지 마라', '쓸데없이 움직이지 마라'와 같은 교훈을 얻었다. 그렇다, 모두 낚시와 마찬가지다. 혹은 《시튼 동물기》에서 읽었던 사냥꾼의 기술과 같다. 생각해보면 당연한 일이다. 고양이도 새에게 다가갈 때는 지면에 납작 엎드리지 않나. 몸집이 커 보이게끔 일어서는 상황은 상대방을 위압하고자 할 때뿐이다.

그래서 다음에는 마당에 넙죽 엎드려서 낮은 포복으로 조금씩 다가가 보았다. 딱새가 꼬리 흔들기를 멈추면 이쪽도 딱 멈춘다. 경계를 푼 모습으로 힛, 힛, 힛, 하고 울기 시작하면 또다시 슬금슬금 움직인다. 이쪽으로 고개를 돌리면 다시 멈춰서 시선을 피한다. 딱새가 조심스럽게 몸을 비트는 모습이 어쩐지 불안해 보인다. 이쯤이 한계일까.

아마도 대략 4미터까지 접근했으리라. 전에 없이 크게 보이는 딱새를 파인더 한가운데에 잡은 채 셔터를 눌렀다. 현상을 애타게 기다리던 사진에는 딱새라는 사실도 겨우겨우 알아볼 듯한 녀석이 깨알 같은 크기로 찍혀 있었다. 아무리 용을 써도 표준 렌즈로는 새를 찍기 어렵다는 사실을 배운 날이었다.

## 볼이하얀 그녀석

　고등학생 때, 생물부 활동으로 겨울새의 수를 세어보
자는 생각에 적당한 장소를 찾아보았다. 나라에는 저수
지가 무척 많기 때문에 현장을 학교 근처로 잡으면 일주
일에 한 번만 찾아가도 조사를 할 수 있다.

　생물부에는 H군이라는 후배가 있었는데, H군은 곤충,
그중에서도 특히 나비를 좋아했지만 곤충채집 시즌이
끝나면 함께 새를 보러 갔다. 하지만 하루아침에 들새를
구분하기란 역시나 어려웠던 모양이다. H군처럼 곤충의
이름을 알아내는 데 익숙한 사람이라면 오히려 '새는 잡

지 않고 식별한다'는 사실에 당황했을지도 모른다.

　방과 후, 함께 새를 찾아 걸음을 옮기고 있으려니 H군이 쌍안경을 들어 올리며 반갑게 소리를 질렀다.

　"저거, 멧새 맞죠!"

　"뭐? 어디?"

　"보세요, 저기 낮은 나무 위에."

　"흐음…… 저건 박새인데."

　"하지만 볼이 하얗잖아요!(일본에서 멧새를 부르는 이름은 '호오지로[頬白]'로, '볼이 하얗다'라는 뜻이다-옮긴이)"

　"응, 하얗긴 하얀데 저건 박새야. 멧새는 훨씬 갈색이라고."

　아니, H군의 말이 맞다. 박새는 누가 보더라도 볼이 하얗다. 볼이 하얗기는 해도…… 멧새는 아니다. 나도 예전에 도감으로 배웠을 때 '이건 아니지'라고 생각했다.

　잠시 걷고 있자니 국도변의 시든 잔디밭에서 H군이 또다시 소리쳤다.

　"마쓰바라 선배, 이번에는 진짜 멧새 맞죠!"

　"응? 저기 바닥에 있는 녀석?"

　"맞아요! 저기, 갈색에다 부리랑 발이 오렌지색인 녀석이요."

위에서부터 박새, 찌르레기, 멧새.
모두 볼이 하얀데……?

"미안, 저건 찌르레기야."

"에엑? 찌르레기가 저렇게 생겼어요?"

"그래, 저건 어려서 살짝 누르스름하긴 하지만 찌르레기야."

"뭐야아! 저것도 볼이 하얗잖아요!"

"하얗긴 한데, 찌르레기야."

그렇다. 찌르레기도 볼이 하얗다. 박새처럼 뚜렷한 흰색이 아니라 붓으로 한 번만 쓱 칠한 느낌이지만 아무튼 볼은 하얗다.

계속 걸어가다 고분 둘레에 파놓은 수로 근처의 관목 주변에서 잽싸게 움직이는 갈색 새가 보였다. 쌍안경을 눈에 갖다 댄다. 틀림없다.

"H, 저게 멧새야."

"네? 어디요?"

"저기, 관목 앞쪽 땅바닥."

"네……? 참새같이 생긴 저거요?"

"그래, 색깔은 참새하고 비슷하지."

"볼이 하나도 안 하얗잖아요!"

"누가 아니래— 얼굴에 화장한 것 같은 무늬가 있으니까 하얗다면 하얗긴 한데(웃음). 저걸 볼이라고 부를 수 있으려나."

"다른 한 마리는 참새인가요?"

"아니, 저건 멧새 암컷."

"뺨은커녕 하얀 구석이 한 군데도 없는데요!"

"응, 암컷은 저런 색이야."

"속았다! 저건 반칙이라고요!"

H군, 내 생각도 그래. 저건 누가 보더라도 '하얀 뺨'이 아니라 '희고 검은 얼굴'이다. 암수의 색이 다른 경우는 곤충에도 흔히 있는 일이니 그냥 넘어가줘. 뭐, 개중에는 수검은깡충거미처럼 정직하게 이름 그대로 수컷만 새까만 거미도 있긴 하지만. 이런 건 그냥 외울 수밖에 없다고.

# 그리고,
## 지금도 쌍안경

○

2016년 초여름. 숲길 옆 덤불에서 멧새가 울고 있었다. 아마도 둥지를 짓는 중이리라. 하지만 그보다도 지금은 까마귀 찾기가 먼저다. 머리부터 뒤집어쓴 위장용 그물에 숨어 고무 코팅된 쌍안경을 움켜쥔다. 처음 손에 넣은 반세기 전의 쌍안경부터 헤아리자면 메인 장비로는 네 번째다. 지금 내 목에 걸린 쌍안경은 코와에서 나온 방수 모델이다. 그전에 사용했던 니콘 쌍안경은 가벼우며 밝게 보이는 좋은 모델이었지만 험하게 사용하다 보니 걸레짝이 되고 말았다. 먼지나 진흙이 튄 렌즈를 셔츠 자락으로 대충 닦고, 빗속에서도 마구 사용하다 물이 차면 대물렌즈 부분을 떼어내 실리카겔과 함께 비닐봉투에 밀봉해 무식하게 말리고……. 이런 짓을 계속했으니 상처가 날 만도 하다.

쌍안경을 거꾸로 뒤집어서 흔들고, 급기야 훅 불어서 접안렌즈 주변에 묻었을지도 모르는 티끌을 털어냈다. 조금 전 덤불 속을 걸어 다녔으니 작은 나무 조각 따위가 붙었을 가능성이 높다. 그대로 눈에 댄 채 고개를 들었다간 티끌이 눈에 들어가서 난리가 난다.

왔다. 등 뒤로 까마귀 소리가 들린다. 잠깐, 아직 움직이면 안 돼.

앞쪽에서 껙껙껙껙껙, 하는 소리가 울려 퍼졌다. 크게 자란 큰부리까마귀 새끼가 둥지에서 먹이를 보채고 있다. 부모가 가까이 다가왔음을 알아차린 것이다.

큰부리까마귀가 휙 날아올라 둥지 쪽으로 향했다. 지금이다!

눈으로 까마귀를 쫓으며 잽싸게 쌍안경을 들어서 시야에 담는다. 까마귀는 쑹, 하고 공터를 가로질러 나무를 한 바퀴 돈 다음 다시금 모습을 드러내 슈욱, 하고 내려오더니 또다시 날아올라 무성한 삼나무 이파리 속으로.

까아아악!

새끼의 소리가 달라졌다. 저쪽이다! 저쪽이 둥지다. 둥지 자체는 보이지 않지만 저 나무숲 오른쪽 어딘가에 있겠군. 저기 담쟁이덩굴이 얽혀 있고, 밑동이 수풀로 우거진……

이로써 둥지의 위치가 사방 10미터까지 좁혀졌다.

"좋았어, 모리시타 씨, 찾아냈어요!"

나는 반대편을 감시하고 있던 공동연구자에게 말을 걸고는 그물을 걷어치우며 일어났다. 쌍안경이 흔들리며 콩, 하고 가슴을 때렸다.

야외 관찰 중에 먹을 간식으로는 간편하고
칼로리가 높은 음식이 적합합니다.

돌아보니
녀석이
있었다

담비,
족제비,
너구리,
사슴,
멧돼지

2013년 4월. 사이타마현의 댐 호반에서 까마귀를 찾아다니던 때의 일이다. 산속의 까마귀들은 무척 조용하다. 먼저 자극하기 전까지는 모습을 드러내지 않을뿐더러 울지도 않는다. 그래서 소리를 들려주고 반응을 이끌어낸다. 공동연구자인 모리시타 씨가 스피커와 아이팟을 꺼내 "틀겠습니다—" 하고 이쪽으로 신호를 보낸 뒤 소리를 내보냈다. 까악, 까악, 까악, 하는 익숙한 울음소리가 흘러나오기 시작했다.

소리를 다 내보낸 뒤 5분 동안 까마귀의 반응을 기다

린다. 까마귀의 반응은 제각각인데, 소리가 미처 끝나기도 전에 득달같이 날아오는가 하면 몇 분 동안 상황을 지켜본 뒤에야 다가오기도 한다.

쌍안경을 목에 건 채 주변을 둘러보며 귀를 기울인다. 시야 왼쪽 구석에서 뭔가가 움직였다. 하지만 까마귀는 아니다. 지상이다. 도로 앞쪽, 가드레일 밑이다.

반사적으로 눈길을 돌려보니 하얗고 노란 동물이 보였다. 고양이만 한 크기였지만 훨씬 다리가 짧고 등의 위치도 낮다. 하얀 얼굴에 짤막한 귀. 복슬복슬한 노란색 털. 별반 당황하는 기색도 없이 타박타박 걸어온다.

쌍안경으로 살펴본다. 아무리 까마귀를 기다리는 중이라지만 이런 녀석과 만났다면 당연히 호기심이 생길수밖에 없다.

역시나 담비다. 그것도 흔히 말하는 노랑담비로, 선명한 노란색 겨울털이 고스란히 남아 있는 예쁜 개체였다. 간사이 지방에서 본 담비는 겨울에도 암갈색을 띠는 먹담비란 녀석들뿐이었다.

이쪽을 힐끔 쳐다본 담비는 무서울 게 뭐 있냐는 듯 불과 10미터 앞까지 다가오더니 옆길로 빠져서 태평하게 숲속으로 사라졌다.

포유류, 이른바 '짐승'과 만날 때는 대개 이런 식이다. 찾으려 할 때는 아무리 기를 써도 보이지 않지만 상대방이 먼저 모습을 드러낼 때는 뜻밖의 장소에서 뜻밖의 녀석과 마주치게 된다.

까마귀를 찾아다니다 마주친 담비

○

고향집이 나라 공원(일본 나라현에 있는 공원으로, 약 1200마리의 사슴을 볼 수 있어 사슴 공원이라고도 불린다-옮긴이) 근처였다 보니 사슴은 무척 자주 봤지만 진짜 야생동물과 만난 것은 아마도 족제비가 최초이리라.

제법 어렸을 적, 집 앞 언덕길에서 자전거 타기 연습을 하던 때였다. 10미터 정도는 잘 달렸지만 운전대를 잘못 꺾은 탓에 비틀거리다 넘어졌다. 바로 그때, 몸이 낮고 작으면서도 길쭉한 갈색 물체가 길 위를 슉, 하고 날아갔다. 아니, 두세 차례 깡충깡충 뛰었으니 그 움직임은 '달리기'였다. 동그란 머리와 검은 얼굴이 간신히 눈에 들어왔다.

그 얼굴이 눈에 포착된 것은 상대방이 풀숲에 뛰어들려다 순간적으로 움직임을 멈추고 이쪽으로 고개를 돌렸기 때문이다. 길쭉한 황갈색 꼬리와 기다란 몸통을 지나, 이쪽을 향한 검은 얼굴이 나를 빤히 쳐다보았다. 그러고는 풀숲으로 폴짝 뛰어서 사라졌다.

처음으로 족제비를 본 기억이었다.

이쪽으로 고개를 돌린 족제비

얼마 지나자 족제비는 앞마당까지 당당하게 모습을 드러내기 시작했다. 어느 날, 산울타리 밑을 스르르 미끄러지듯 움직이는 뭔가가 보였다. '발걸음'이 느껴지지 않는, 뱀처럼 매끄러운 움직임이다. 게다가 나란히 심어진 애기동백나무 밑동을 좌우로 피하며 움직이니 한층 더 뱀 같았다.

하지만 녀석은 족제비였다. 긴 몸을 이용해 산울타리 사이를 요리조리 빠져나갔던 것이다.

그러다 족제비의 움직임이 뚝 멈췄다. 족제비는 이쪽으로 고개를 돌리더니 내 얼굴을 가만히 쳐다보았다.

그러더니 또다시 스르륵…… 하고 뱀처럼 산울타리에서 멀어져갔다. 그렇게 사라진 줄 알았더니 몇 미터 가서는 또다시 이쪽을 돌아본다. 그리고 이번에는 정말로 휙 모습을 감췄다.

이유는 모르겠지만 족제비는 매번 내 모습을 확인하면서 도망쳤다.


족제비라 하면 '커다란 덩치에 사나운 눈매, 건방지고 포악하며 털은 새하얀 주제에 속이 시커먼 동물'이 떠오르는데, 이러한 이미지는 애니메이션 〈감바의 모험〉 때문에 생겨났으리라. 이 애니메이션에 등장하는 흰 족제비 노로이는 그야말로 어린 마음에 트라우마로 남을 만큼 무서웠다. 참고로 원작 소설인《모험자들》의 노로이는 야부우치 마사유키의 그림 덕분에 애니메이션만큼 무섭지는 않지만 은근히 음험하고 흉악하다는 점에서는 마찬가지였다.

잠시 이야기가 옆길로 새겠으나 원작의 부제는 '감바와 열다섯 마리 친구들'로, 쥐들은 모두 열여섯 마리였다. 개인적으로 야부우치 마사유키의 최고 걸작은 이 열여섯 마리를 그린 일련의 삽화였다고 본다. 생생한 동물화지만 모든 쥐가 각기 다르게 그려져 있기에 본문을 꼼꼼히 읽어가며 특징을 대조해보면 누가 누구인지 알 수 있었다. 예를 들어 멋들어진 수염을 비비 꼬고 있는 쥐는 가쿠샤, 그 옆에 있는 덩치 큰 외눈박이는 요이쇼, 자세히 보면 귀에 주사위가 들어 있는 조그만 쥐가 이카사마, 높이 뛰어오른 쥐가 점프, 살갗이 희끄무레한 녀석이 이다텐이다. 구분하기 힘든 건 어깨동무를 하고 노래를 부르는 베이스와 테너 두 마리로, 이 녀석들만큼은 목소리를 들어보지 않고는 누가 누구인지 알 수가 없었다.

아무튼 실제로 본 족제비는 그렇게까지 무시무시한 동물 같지는 않았다. 오히려 귀여웠다.

가장 놀란 점은 족제비가 정말로 작았다는 사실이다. '짐승'이라 하면 개나 고양이 정도의 크기를 상상하겠지만 족제비는 훨씬 작다. 몸통과 꼬리 모두 길쭉하니 길이만 놓고 보면 작은 고양이 정도는 되지만 몸이 가늘고 다리도 짧아서 부피로 따지면 거의 '막대기'나 마찬가지다. 실제로 일본족제비 암컷은 꼬리까지 합쳐봐야 30센티미터 언저리인 경우도 있다.

내가 본 녀석이 일본족제비였는지 외래종인 한국족제비였는지는 알 수 없다. 조금 큰 편이었으며 노르스름한 느낌도 들었으니 한국족제비였을지도 모르겠다(한국족제비의 색이 조금 더 옅은 경향이 있지만 정확하게 식별하기는 어렵다). 다만 우리 집 주변은 산기슭이었으니 일본족제비를 목격했을 가능성도 있다. 산지에는 아직도 일본족제비가 남아 있기 때문이다. 조금 더 거무스름하고 털이 성긴 느낌의 작은 족제비를 발견한 기억도 있으니 두 녀석이 모두 살고 있었으리라.

얼굴만 보면 동그랗고 귀엽지만 사실 족제비는 사냥

을 하는 육식동물이다. 과일을 먹기도 하지만 기본적으로는 작은 동물을 잡아먹는다. 곤충, 물고기, 개구리, 쥐, 새, 뭐든 사냥한다. 족제비는 가느다란 몸을 이용해 좁은 틈이나 덤불 속, 구멍 속까지 들어갈 수 있으며 그리 높지 않은 나무라면 타고 오를 수도 있다. 게다가 수영이 특기인지라 잠수도 할 줄 안다. 작은 동물의 처지에서 보자면 어디로 도망치고 어디로 숨든 끝까지 집요하게 쫓아오는 악마 같은 상대이리라. 앞마당에서도 그 포식자다운 모습은 유감없이 발휘되었다.

고향집 마당에는 작은 연못이 있었는데, 밤중에 바스락바스락하고 풀이 흔들리는 소리에 이어 찰박, 하고 작은 물소리가 들려올 때가 있었다. 한동안 작은 물소리가 이어지는가 싶더니 키잇! 하는 앙칼진 목소리와 함께 뭔가가 연못에서 올라왔다. 뭐야, 족제비인가, 하고 창문으로 들여다보니 족제비는 이쪽을 향해 고개를 휙 돌리고는 어둠 속으로 사라졌다.

커다란 참개구리를 꽉 입에 문 채.

어느 여름날에는 밤부터 새벽녘에 걸쳐 나무 밑동이나 풀잎을 올려다보며 재빠르게 돌아다닐 때도 있었다.

우화하려는 매미 유충이나 우화 직전의 매미를 찾고 있던 모양이다. 이따금 뭔가를 오독오독 씹는 소리나 찌르르륵! 하고 매미 울음소리가 들려올 때가 있었다. 물론 이건 족제비뿐만 아니라 너구리나 고양이도 곧잘 하는 짓이다.

또한 고향집 지붕 밑으로 쥐가 숨어들 때가 있었다. 지붕 밑에서 드드드드득, 하는 경쾌한 발소리가 들린다. 이러면 틀림없이 쥐다. 아이고, 또 나왔네, 하고 있으려니 텅, 하고 튀어 오르는 소리가 들렸다. 뭔가에 놀란 것이다.

순간적으로 사사삭, 하는 소리가 들렸다. 뭔가가 몸을 비틀며 움직인 건가? 뱀일까? 그렇게 생각했더니 쥐보다도 조금 무거운 뭔가가 텅, 텅, 텅, 하는 소리를 내며 지붕 밑에서 움직였다. 쥐처럼 촐랑거리는 발소리가 아니다. 걸음 수는 훨씬 적지만 속도는 빠르다. 다시 말해 한 걸음의 보폭이 넓다는 뜻이다. 혹시 폴짝폴짝 뛰면서 쥐를 쫓아다니는 족제비가 아닐까?

그렇게 생각한 순간, 지붕 밑에서 찌익! 하는 비명이 들려왔다.

…… 잡혔구나.

○

족제비뿐 아니라 너구리도 뒤를 돌아보면서 도망친
다. 위험할지도 모르는 상대를 힐끔힐끔 확인하며 걷는
것은 그들의 생존에 중요한 행동이리라. 그러고 보니 나
역시 밤길에 위험해 보이는 녀석과 마주쳤을 때는 힐끔
쳐다보고 확인하며 걷는다.

고등학생 때였나, 아니면 재수생 때였나, 고향집 거실
에서 텔레비전을 보고 있는데 뭔가가 창문 앞쪽을 지나
갔다. 응? 고양이인가? 야마토라기에는 더 컸던 것 같은

데(야마토는 맞은편 집에 살던 검은 고양이다).

고개를 돌려보니 너구리였다. 거리는 불과 2미터. 뭐야, 잠깐만, 진짜 너구리라고? 개 아닐까? 아니, 너구리가 맞다. 얼굴에 그려진 특유의 무늬, 북슬북슬한 털, 굵고 처진 꼬리, 검은 발끝. 어느 모로 보나 너구리다. 그런 너구리가 창문 가운데에서 이쪽을 쳐다보고 있었다.

처음으로 마주한 너구리의 모습에 눈만 껌뻑이고 있으려니 상대방 역시 나와 마찬가지로 이쪽을 빤히 쳐다보았다. 그러고는 살짝 잰걸음으로 다다다닥, 하고 창문 앞을 스쳐 지나가더니 다시 한번 이쪽을 돌아보고는 어둠 속으로 사라졌다.


아무래도 그 무렵부터 고향집 주변에 너구리가 정착했는지 이후로도 곧잘 눈에 띄기 시작했다. 언젠가 마주쳤을 때는 이미 꽤나 익숙해진 눈치로 창가를 터벅터벅 가로질렀다. 그런데 중간에 멈춰서더니 뒤를 휙 돌아본다. 한두 발짝 걸어가다 또다시 돌아본다. 게다가 이쪽을 보고 있는 건 아니다. 뒤쪽이 마음에 걸려서다. 슬쩍 자세를 바꿔 너구리가 보는 방향을 살펴보니 현관 앞에서 또 다른 너구리가 어쩔 줄 몰라 하고 있었다. 어이쿠,

어느 쪽이 암컷이고 어느 쪽이 수컷인지는 모르겠지만 일행과 함께 온 건가. 나머지 한 마리는 아직은 인간이 낯선지 창가를 가로지를 엄두가 나지 않았던 모양이다. 그걸 알아차리고 돌아보았던 것이다.

방해하지 않으려고 창문에서 슬쩍 물러나 지켜보니 나머지 한 마리도 다다다닥, 하고 마당을 빠져나갔다.

너구리라 하면 동화책에 나오는 동글동글한 모습이 떠오르겠지만 반은 맞고 반은 틀린 모습이다. 겨울털로 갈아입은 너구리는 털이 북슬북슬 자라나 그림책 속 너구리와 똑같이 동글동글하다. 허나 여름털은 시원한 쇼트커트인지라 살이 빠진 것처럼 보인다. 그래서 여름이면 소형견처럼 보일 때도 있다.

하지만 너구리의 걸음걸이는 독특하다. 뒤에서 보면 잘 알 수 있는데, 이상하리만치 몸을 좌우로 흔들거린다. 마치 갈지자걸음으로 걷는 주정뱅이 같다. 대학 시절에 밤늦게 귀가할 때면 버스 정류장에서 집에 도착하기까지 사람을 볼 일이 거의 없었으나 너구리와는 곧잘 마주치고는 했다. 개나 고양이도 밤길을 돌아다니기는 하지만 이상하게 흐느적거리거나 비트적거린다면 그건 너구리다. 힐끔힐끔 이쪽을 돌아보며 뒤에 있는 인간이

덮치지는 않을까 확인하며 걸어간다.

　너구리는 비교적 작은 녹지에서도 번식할 수 있으므로 도시화에서도 살아남기 쉬운 동물이다. 개과치고는 잡식성이 강해 과일류도 잘 먹는다. 다른 먹이로는 곤충이나 지렁이같이 작은 동물이면 충분하고, 음식물쓰레기를 뒤지기도 한다. 배수구나 선로를 교묘히 활용해 도심 속 녹지나 공원, 사찰을 한 바퀴 돌면 그럭저럭 일과가 마무리되는 셈이다. 실제로 나 역시 이케부쿠로 거리 한복판에서 너구리를 목격한 적이 있다.

　밤이 깊어지면 막차가 떠나 고요해진 선로가 너구리

의 길이 되기도 하는 모양이다. 생각해보면 선로라는 곳은 인간이 침입하지 않고, 양옆에 몸을 숨길 만한 풀숲도 있으며, 군데군데 철망이 찢어져 있어 드나들 수도 있고, 건널목을 통해 도로로 직접 나올 수도 있으니 꽤나 흥미로운 공간이라 할 수 있겠다.

한편 인간에게 너무 가까이 접근해서 벌어지는 피해도 있다. 풍부한 먹이에 이끌려 너구리가 모여들면 자연 상태에서는 불가능할 정도로 밀도가 높아지기도 하는데, 이때 다른 너구리와의 접촉을 통해 옴 등의 질병이 널리 퍼지기도 한다. 때로는 개에게 병이 옮는 경우도 있다. 반려견이라면 예방접종을 받을 테고 설사 병에 걸리더라도 조치를 받을 수 있겠으나 야생동물은 그러지 못한다. 그 결과, 옴이 악화되어 털이 빠지고, 급기야 종류조차 알아보기 어려운 딱한 모습으로 죽어가는 너구리도 있다. 야생동물에게 질병은 피할 수 없는 일이지만 '귀여우니까 먹이를 줍시다'라는 생각에 너구리를 불러 모은 인간의 행동이 원인이라면 참으로 안타까운 일이다.

○

내 고향집은 나라시에 있는 나라 공원과 가깝다. 나라라고 하면 사슴이 가장 먼저 떠오르겠으나, 사슴이 우글거리는 곳은 기껏해야 나라 공원에서 주변 2킬로미터 정도가 고작이다. 따라서 사슴에 익숙한 사람들도 인근 주민들로 한정된다.

다만 나라 시내의 초등학생들은 대개 나라 공원으로 소풍을 가고, 그림대회도 나라 공원에서 열리다 보니 사슴에게 걷어차이거나 도시락을 빼앗기는 녀석이 한 반에 한두 명씩 있었다. 그림대회에서 90퍼센트 정도 그림이 완성되었을 때 어깨 너머로 고개를 쑥 내민 사슴에게 도화지를 먹힐 뻔한 친구도 있었다. 참고로 그 친구는 그림을 지키려다 연못에 빠졌고, 먹히지야 않았다만 본인은 그림과 함께 쫄딱 젖고 말았다.

그건 그렇고 나라 공원 주변에 사는 아이라면 어릴 때 한번쯤은 사슴에 올라타 보려 한 적이 있을 것이다. 운 좋은 아이는 나동그라지지만 운이 나쁜 아이는 나동그라진 다음 걷어차인다. 나는 나동그라지는 데서 그쳤다.

나라 공원의 사슴은 사람을 보면 인사를 하며 다가온다고들 하지만 그건 관광객을 기다리는 일부 사슴의 이야기다. 나라 공원 안에서도 숲속에 사는 사슴은 별로 살갑지도 않고, 다가가려 하면 도망친다. 그리고 가스가오쿠산(나라시 동부에 있는 하나야마산 일대를 일컫는 말로, 800여 종의 식물이 보존되어 있다. 나라 공원도 여기에 속해 있다-옮긴이)의 사슴은 완전히 야생이다. 사람을 발견하면 걸음을 딱 멈추고는 삐익! 하고 경계음을 내며 뒤도 돌아보지 않고 도망친다.


중학교 몇 학년 때였을까, 어느 겨울 아침에 벌어진 일이다. 어쩐 일로 눈이 쌓였기에 나는 일찌감치 집을 나와 학교로 향하고 있었다. 새하얀 눈으로 뒤덮인 길은 한번도 본 적이 없는 광경이다. 또다시 진눈깨비가 날리기 시작하자 앞이 제대로 보이지 않는다. 조심해서 걷지 않으면 넘어질 듯하다.

삼거리에 다다랐다. 여기서 오른쪽으로 돌아 버스 정류장으로 향한다. 하지만 길모퉁이 너머에서 눈을 밟는 발소리가 들려오기 시작했다. 사박, 사박, 사박, 하고 신중하게 걸음을 옮기는 소리였다. 도로에 설치된 반사경을 살펴보았지만 아침에 기온이 뚝 떨어진 탓에 잔뜩 서리가 끼어 아무것도 보이지 않았다. 불쑥 고개를 내밀었다간 위험하다. 아무래도 눈에 익숙지 않은 지역이기도 하니 급하게 피하려 했다간 미끄러질 위험이 있다. 나는 모퉁이 앞에서 멈춘 뒤 상대방이 보이기를 기다렸다.

바람에 흩날리는 가루눈 속에서 발자국 소리는 모퉁이 바로 앞쪽까지 다가왔다. 무척 낮은 위치에서 피어오르는 상대방의 하얀 입김이 먼저 보였다. 그리고 그 입김 위로 뭔가 뾰족한 것이 불쑥 튀어나왔다. 썩은 나무처럼 꺼칠꺼칠하며 가지가 갈라져 있었다. 사박, 사박, 하고 발걸음을 옮길 때마다 그것은 서서히 모습을 드러냈다. 50센티미터는 넘을 법한 멋들어진 네 갈래

뿔, 묵직한 머리통, 검고 촉촉한 코, 입에서 새나오는 하얀 입김, 암갈색 눈, 회색빛을 띤 거친 털이 갈기처럼 자라난 목…….

녀석은 여태껏 본 적이 없을 만큼 거대한, 나이 든 수컷 사슴이었다.

사슴은 걸음을 멈추더니 눈곱이 낀 눈으로 나를 쳐다보았다. 그러더니 천천히 이쪽으로 몸을 돌렸다. 진눈깨비에 가로막힌, 지나가는 사람이라고는 아무도 없는 세계에서 나는 사슴과 마주했다. 사슴은 순간적으로 흐흥, 하고 코로 소리를 내더니 하얀 숨결을 토해냈다.

묵직한 몸뚱이. 길고 거친 겨울털. 언제 무슨 일이 있었는지 오랜 상처 때문에 끝부분이 떨어져나간 한쪽 귀(오른쪽인지 왼쪽인지는 유감스럽게도 기억나지 않는다).

나는 반사적으로 한 발짝 물러나 길가에 붙었다. 이미 관록에서 밀린 싸움이다. 야생에서 오랫동안 살아온 사슴을 겨우 중학생이 당해낼 리 없다.

이것이 '먼저 가시죠'라는 몸짓처럼 보였으리라. 사슴은 나를 힐끔 쳐다보고는 또다시 사박, 사박, 걸음을 내딛더니 유유히 내 앞을 가로질러 눈의 장막 너머로 사라져 갔다.

나는 사슴을 배웅한 뒤, 저도 모르게 "휴우" 하고 숨을
내쉬었다.

○

그로부터 시간이 흘러 고등학생 때였던가.

고향집 바로 뒤편에 있는 계곡에서 반딧불이가 대량
으로 발생했다는 소문을 접했다. 3년쯤 전에 실시한 호
안 공사 때문에 큰 타격을 입었지만 작년쯤부터 조금씩
되살아나고 있었다. 그런데 올해는 반딧불이가 전에 없
을 정도로 많다고 한다.

구경을 가보니 확실히 무서우리만치 반딧불이가 많았
다. 농로 가장자리에서 계곡을 내려다보니 사방 천지에
반딧불이가 반짝이며 마구 날아다니고 있었다. 굉장하다.

그렇게 보고 있으려니 맞은편 강기슭에서 바스락거리는 소리가 났다. 엇, 나 말고 누가 또 구경을 하러……

잠깐만, 저쪽은 대나무 덤불숲인데. 게다가 사유지다. 호안 위쪽이며 심지어 강가는 울타리로 둘러싸여 있을 터. 그리 쉽게 들어올 만한 장소는 아니다. 무엇보다 이 어둠 속을 돌아다닌다는 건 말도 안 된다. 그래, 사슴이구나.

그렇게 생각하는 와중에도 바스락바스락, 우지직우지직, 하고 잡초를 밟는 소리가 이어졌다. 이상하다. 이건 사슴이 내는 소리가 아니다. 아무리 사슴이라도 이토록 거친 소리를 내지는 않는다. 게다가 뭔가 낮은 목소리가 들려온다. 크흥, 하고 거칠게 콧김을 내뿜는 듯한 소리다.

손전등을 켜서 소리가 나는 방향을 비춰보았다.

바로 그 순간, 부히이이익, 하는 쇳소리와 함께 대나무를 꺾어버릴 기세로 두다다닥, 하고 잽싸게 도망치는 발소리가 어둠 속에 울려 퍼졌다.

멧돼지, 여기까지도 내려오는구나.


참고로 하는 말이지만, 30년쯤 지난 지금은 밤이면 아무렁지도 않게 멧돼지가 나라 공원을 돌아다닌다.

멧돼지는 결코 함부로 공격해오는 동물은 아니다. 하지만 그 엄니를 우습게 봐서는 안 된다. 멧돼지의 엄니가 무서운 이유는 뾰족하기 때문만은 아니다.

줄곧 산일을 해왔다는 할아버지가 산에서 주운 멧돼지 엄니를 보여준 적이 있다. 완만하게 휘어진 엄니의 길이는 15센티미터나 되었다. 절반은 턱에 묻혀 있지만 밖으로 돌출된 부분만 하더라도 상당한 길이였다. 하지만 손에 들어보고 소름이 쭉 끼쳤던 것은 끝부분이 아니다. 멧돼지 엄니의 단면은 예리하게 모가 난 이등변삼각형이었던 것이다.

박물관에서 멧돼지의 머리뼈를 빤히 바라보다 이런 사실을 알아냈다. 멧돼지는 위턱과 아래턱에 각각 엄니가 있으며, 두 엄니가 앞뒤로 가지런히 포개져 있다. 위쪽 엄니와 아래쪽 엄니는 마치 사각형에 대각선을 그어 놓은 것처럼 딱 맞물려 있었던 것이다.

정말로 무서운 건 날카롭게 갈린 엄니의 날이다. 이런 엄니에 베였다간 살이 찢겨져 나간다. 그리고 큰 멧돼지라면 인간을 날려버릴 만한 괴력도 갖추고 있다.

다만 언제나 엄니를 휘두르며 달려드는 건 아니다. 멧

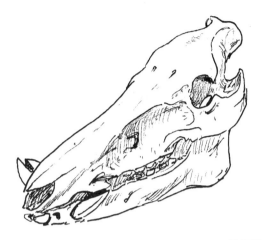

멧돼지의 머리뼈

돼지의 엄니를 보여준 그 할아버지는 산속 샛길에서 멧
돼지가 돌진해온 이야기를 들려주었다.

"산 위에서 엄청난 소리를 내며 멧돼지가 달려오는데,
피할 곳도 없고, 매달릴 만한 나무도 없다 보니 대체 어
떡해야 하나 싶었지."

"그래서, 어떡하셨나요."

"벌써 눈앞까지 와 있길래, 한쪽 다리를 들었더니 가
랑이 밑으로 지나가더구먼!"

"…… 목적이 뭐였을까요?"

"글쎄……."

하지만 역시 화나게 하지 않는 편이 무난한 상대이기
는 하다.

## 그리고, 돌아보니 녀석이 있었다

○

그리고 현재. 담비를 발견하고 얼마 후, 나는 호수길 가장자리에 접이식 의자를 설치해놓은 채 까마귀를 기다리고 있었다. 오늘은 이곳에 눌러앉아 조사할 예정이다. 까마귀가 이 부근에 있다는 사실을 알았으니 가만히 앉아 관찰하면서 행동권을 좁히고, 운이 좋다면 둥지의 위치까지 확인하자는 작전이다.

등 뒤에는 깎아지른 산등성이가 있다. 오늘은 어째서인지 그쪽 방향에서 까마귀 울음소리가 들려온다. 이상하다. 평소에는 호수 쪽인데.

별일이다. 까마귀 말고 다른 소리도 들려온다. 개? 그래, 사냥개다. 이동식 우리를 실은 트럭을 봤다. 사냥철은 아니지만 유해조수 구제를 위해 사냥꾼이 들어온 것이다. 이번에는 까마귀 소리가 들렸다. 사냥개를 따라가는 듯하다. 큰일인걸, 숨이 끊어진 사슴 같은 커다란 먹이가 생겼다간 다른 곳에서 전혀 상관없는 까마귀까지 날아올지도 모르는 일이다.

한 시간가량을 더 기다렸지만 더 이상 까마귀 울음소리는 들리지 않았다. 오늘의 관찰은 글렀나. 한번은 사냥개 소리가 산등성이 위쪽, 능선 부근에서도 들려왔다. 그곳에서 사냥감을 놓쳤는지 반대편으로 돌아간 모양이다. 한동안 소리가 들리지 않았다.


바스락, 후두두두둑…….


뭐야. 뭐가 떨어진 거지? 아하, 뒤쪽 비탈길에서 굴러온 돌멩이였다. 그런데 왜? 하긴, 비탈길은 가끔 알아서 우수수 무너져 내리기도 하지.

하지만 나는 등 쪽에 신경을 집중하고 있었다. 조금 전부터 희미하게나마 무슨 낌새가 느껴졌기 때문이다.

조금 전에는 낙엽을 밟는 듯한 소리가 났다. 그전에는 나뭇가지를 분지른 듯 작게 우지끈, 하는 소리가 났었고. 그리고 뭐라 말하기는 어렵지만 이상한 '기척'이라고 표현할 수밖에 없는…… 스스로도 확실하게 지각하기 어려운 소리가 들려오고 있었다.

까마귀보다 뒤쪽 숲속에 신경을 쓰고 있으려니 마침내 그 소리가 들려왔다. 작지만 꾸룩, 하는 소리였다. 이어서 바스락바스락, 하고 잡초 사이를 조심스럽게 걷는 소리.

틀림없다. 멧돼지다. 뒤쪽 비탈길 바로 근처에 있다.

아하, 사냥꾼이 쫓아다니던 유해조수는 사슴이 아니라 멧돼지였나. 사냥개에게 쫓기던 멧돼지가 산등성이 위에서 추격자를 뿌리친 뒤, 조용히 이쪽 비탈길을 따라 도망쳐 내려와 보니 눈앞에 내가 앉아 있었다는 말이다. 과연.

어찌 된 영문인지 이해한 나는 다급히 짐을 챙기고 도로 반대편으로 후퇴했다.

몹시 당황한 멧돼지에게 등을 들이받히는 사태도, 멧돼지로 착각한 사냥꾼에게 엽총을 맞는 사태도 사양하고 싶었으니까.

개막

번식기가 되면 까마귀와 큰부리까마귀는
영역 다툼을 벌입니다.

## 어둑어둑한
## 물속에서

농어,
줄새우,
남생이,
가물치,
곤들매기

○

2008년 봄. 도쿄로 이사를 오고 반년쯤 지난 어느 휴일이었다. 근처에서 낚시터를 개척하려던 나는 농어를 낚으러 아라카와강으로 향했다.

아라카와강을 어슬렁거리는 사이에 교각 근처의 호안에 다다랐다. 다른 곳은 그저 그랬는데 여기는 어떨까?

호안 가장자리에 서서 주변을 둘러보았다. 수면에 찰랑이는 물결이 보인다. 근처에 작은 물고기들이 있다는 말이다. 좋아, 터가 괜찮다. 수면에 먹이가 모여 있다면 포식자인 농어도 와 있을 가능성이 높다.

등이 검푸르고 숭어처럼 생긴 루어를 달아 바다 쪽으로 던진다. 멀리 떨어진 조경수역(潮境水域. 한류와 난류가 교차하는 영역으로, 한류와 난류의 어종이 모여 좋은 어장을 형성한다-옮긴이)이 목표는 아니니 멀리 던질 필요는 없다. 어차피 이 짧은 낚싯대로는 그리 멀리까지 던지지도 못한다.

루어는 약 90밀리미터 크기의 미노우(minnow. 피라미처럼 작고 날렵한 물고기를 본뜬 가짜 미끼-옮긴이)다. 당겨 보니 파르르, 하고 강한 진동이 느껴진다. 잡아끌면 가라앉는다. 멈추면 그 수심을 유지하는 듯하다. 낚싯대 끄트머리를 슬쩍 흔들어보니 몸을 살랑거리는 느낌이 나쁘지 않다. 제조사는 모름, 가격은 380엔. 중고품점에서 산 초특가 루어다. 루어는 의외로 비싸다. 유명 브랜드의 고급 루어 중에는 거의 2000엔이나 하는 물건도 드물지 않다.

몇 번을 던졌을까. 낚싯대 끝이 묵직해지더니 느슨해지려던 낚싯줄이 물속으로 쑥 꺼졌다. 릴을 감아 낚싯줄을 팽팽하게 한 뒤 곧바로 낚싯대를 힘껏 잡아당겨 챔질을 했다.

묵직한 느낌이 왔다. 챔질했을 때 상대도 끌려왔으니

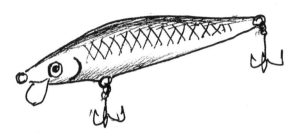

380엔짜리 싸구려 루어

그렇게 큰 놈은 아니다. 상대의 크기에 따라 움직이기
는커녕 잡아당긴 만큼 낚싯대만 휘는 경우도 있기 때문
이다.

낚싯대 끝이 끼이익, 하고 휘어지며 낚싯줄이 수면을
긋는다. 의외로 가까운 곳에서 물었지만 물고기란 본래
그런 법이다. 물가나 발밑에는 물고기가 있다. 발밑으로
푹 꺼져 있는 호안이나 장애물이 가라앉아 있는 곳이라
면 더더욱 그렇다. 먹이는 그런 곳에 많기 때문이다. 이
런 강에서는 괜히 물살이 가장 빠른 곳을 향해 던져봐야
헛일이다. 물고기가 있는 구역을 향해, 루어가 되도록
길게 통과하듯이 던지는 편이 낫다.

상대방은 중층을 헤엄치고 있다. 수면까지 올라왔다.
은빛 몸체가 보이더니 철썩, 하며 물이 튀었다. 이어서 물고기는 수면 위로 튀어 올랐고, 꼬리로 일어나듯이 발딱 서서는 입과 아가미를 크게 벌린 채 힘차게 머리를 흔들었다. 좋아, 농어다! 아니, 이 정도 크기라면 농어라고 하긴 어렵겠다. 농어는 성장함에 따라 껄떼기에서 농어로 이름이 바뀌는 물고기다. 이 크기라면 껄떼기밖에 되지 않으리라.

크기는 40센티미터 정도, 저녁 반찬으로는 딱 좋은 크기다.

첫 낚시는 초등학교에 입학했을 무렵이었다. 낚시를 하던 사촌 덕분에 덩달아 시작했다. 게다가 사촌의 집에는 《낚시광 산페이》 만화책이 잔뜩 쌓여 있었다. 그 만화책을 정신없이 읽다가 급기야 몽땅 얻어가게 되었는데, 덕분에 낚시에 푹 빠지고 말았다.

낚시용품점에서 처음으로 산 낚싯대는 180엔짜리 대나무 민낚싯대였다. 민낚싯대란 이음매 없이 통짜 대나무로 이루어진 낚싯대를 말한다. 내가 산 낚싯대는 길이가 한 칸, 즉 1.8미터 정도였다. 낚싯대의 끝마디는 그냥 깎아놓은 대나무였다. 실제로는 초릿대실(낚싯대 끝에 달려 있는 실로, 낚싯대와 낚싯줄을 연결해주는 용도-옮긴이)이라도 달아두었으면 좋았겠으나 그때는 나도 어렸다 보니 대충 낚싯줄을 휘휘 감아 억지로 묶어놓았다. 그런 탓에 이따금 낚싯줄이 끄트머리에서 쑥 빠지기도 했지만.

그때 같이 산 것이 작은 찌, 1호 원줄, 봉돌, 0.8호 목줄이 포함된 바늘이었다. 바늘이 몇 호였는지는 기억나지 않지만 아마 그렇게 크지는 않은 붕어 낚시용 바늘이었으리라.

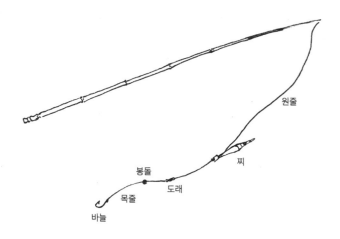

처음에 산 대나무 민낚싯대와 구조

집에서 1킬로미터 정도 떨어진 곳에 간단히 낚시를 하러 가기 딱 좋은 연못이 있었다.

뒷산 언덕 위에 있던 그 연못은 일단 작은 저수지이긴 했던 모양이다(당시는 이미 논도 줄어서 소임을 마친 듯했지만). 유입된 지하수가 그곳으로 새나오고 있었으리라. 한 변이 15미터 정도인 삼각형 형태였기에 '주먹밥 연못'이라 부르고는 했다. 수심은 1미터도 되지 않는다. 이렇게 작은 연못에 물고기가 살 것 같지는 않았지만 시험 삼아 낚싯대를 던져보았더니 잘 낚였다.

연못에는 은붕어와 줄몰개가 살고 있었다. 잉어도 한두 마리 있었지만 좀처럼 모습을 보이지 않았다. 물고기 외에는 줄새우나 가재가 자주 눈에 띄었다.

강과 이어지지 않은 연못에 물고기가 산다니, 생각해보면 이상한 일이다. 저습지에 생긴 물웅덩이 같은 연못이라면 하천이 범람했을 때 물과 함께 물고기가 흘러드는 일도 있으리라. 하지만 산속 샘물이 고여서 생긴 듯한 이런 연못에 물고기가 살았을 리 없다. 그렇다면 주먹밥 연못의 물고기 역시 누군가가 방류한 것이리라. 잉어나 붕어처럼 일본의 민물고기 중에는 인위적 유입과 떼어놓을 수 없는 녀석이 제법 있다. 물론 '그러니 모든 민물고기는 자연적이지 않다'거나 '그러면 무슨 물고기를 풀어놓든 상관없겠다'라는 말은 너무나도 극단적인 이야기다. 외래종 문제란 그렇게 '1 아니면 0'이라는 식으로 다룰 이야기는 아니다.

줄새우는 꽤나 재미있는 녀석이다. 떡밥을 쓰다 보면 본의 아니게 물속에 떡밥을 흘리고는 하는데, 문득 시선을 내려 보면 줄새우가 우르르 몰려들어 떡밥을 먹고 있다. 낚시를 할 때 찌가 가로로 쓱 움직이는 것도 대개는 줄새우의 소행이다. 미끼를 끌어안고 헤엄을 치기 때문이다. 물론 바늘에는 걸리지 않는다. 다만 이따금 미끼를 부둥켜안은 채 함께 끌려 나올 때는 있다.

반면 가재는 바늘에 딱 걸린다. 지렁이를 미끼로 쓰면 한껏 신이 나서 먹어대기 때문이다. 점잖게 집게발로 찢어서 먹기에 특히 미끼가 바닥까지 완전히 가라앉아 있을 때면 찌에는 거의 변화가 없다. '왜 가끔씩 찌가 흔들리는 걸까' 싶어 낚싯대를 들어보면 집게발을 치켜든 가재가 딸려 나온다.

그리고 때로는 훨씬 별난 녀석이 끌려 나오기도 한다.

그날은 여느 때처럼 물가에 앉아, 본래 수문이었던

듯한 말뚝과 그 왼쪽에 쓰러진 나무 사이에 낚싯대를 던져놓고 기다리는 중이었다. 처음 낚싯대를 장만한 이후로 몇 년이 지난 그때는 삼단 대나무 낚싯대를 쓰고 있었다. 길이는 한 칸 반(2.7미터). 가격은 270엔. 낚싯대는 1센티미터당 1엔인 걸까?

찌가 천천히 움직인다. 움직임으로 보아 물고기는 아닌데…… 줄새우가 아닐까. 미끼는 지렁이를 썼으니 줄새우가 조금 뜯어먹는다고 사라질 일은 없다.

지켜보는 와중에 찌가 천천히 가라앉기 시작했다. 이상하다. 새우는 이런 식으로 당기지 않는다. 역시 물고기인가?

찌가 거의 끄트머리만 남긴 채 물속에 가라앉았다. 그대로 미세하게 흔들린다. 뭐야, 이건. 낚싯줄이 바닥에 걸린 상황에서 찌가 바람에 흔들린다면 그럴 수도 있겠지만 이건 바람이 아니다. 뭔가가 찌를 붙든 채 멈춘 것이다.

슬쩍 낚싯대를 들어보았다. 무…… 무거워! 뭐야, 이건! 나무에 걸리기라도 했나?

그렇게 생각했더니 낚싯대가 쑥 끌려갔다. 나무는 아닌 듯하다. 하지만 계속해서 끌어당기는 물고기와 달리

한 번만 당기고는 멈춰버렸다. 어쩐지 '네가 잡아당겼으니까 나도 똑같이 잡아당겼다'는 듯한 움직임이다.

아무튼 제법 무거웠기에 낚싯줄이 끊어지지 않도록 천천히 낚싯대를 들어보았다. 끌어당기려 하자 또다시 쑥 잡아당긴다. 이번에는 한 번이 아니다. 간헐적으로 쭉, 쭉 잡아끈다. 뭐지, 이건.

물고기처럼 계속해서 잡아당기지는 않는다. 마치 줄다리기를 하듯 리듬을 타며 당긴다. 하지만 아무래도 낚싯줄을 끊어버릴 만한 힘은 없어 보였기에 과감하게 끌어당겼다. 수면이 솟구치듯 움직인다. 낚싯줄 끄트머리에 매달린 '그것'이 물을 박차고 있었다.

거무튀튀하게 흐려진 수면 밑에서 검고 둥근 그림자가 떠올랐다. 좌우로 몸을 비틀어댄다. 수면에 짤막한 콧등이 고개를 내밀더니 이쪽을 향해 핑크색 입을 벌렸다.

아이고…… 그럴 것 같더라니. 역시 남생이였어~.

커다란 남생이다. 묘하게 검은 것을 보니 흑화형(黑化型)이리라. 파충류 중에는 이따금 흑화형이 태어난다. 까마귀뱀이라 불리는 뱀도 사실은 유혈목이나 줄무늬뱀의 흑화형이다.

이 남생이는 등딱지가 20센티미터 이상이리라. 당당

한 크기다. 이 녀석이 네 발로 물이나 밑바닥을 푹, 푹, 헤칠 때마다 낚싯대가 끌려갔던 것이다. 찌가 가라앉은 채 움직이지 않았던 이유는 바닥에 진을 친 남생이가 목만 늘여서 지렁이를 낚아챈 뒤, 그대로 목을 움츠려서 먹이를 오물거리는 중이었기 때문이리라.

그건 그렇고, 대체 어떡하면 좋을까. 지금은 물속에 있으니 상관없지만 건져 올렸다간 틀림없이 줄이 끊어질 것이다. 하는 수 없이 기슭까지 끌어들인 뒤에 등딱지를 잡고 건져냈다. 바로 그때, 남생이는 바늘을 문 채 머리를 숨겨버렸다. 야, 그러면 바늘을 빼줄 수가 없잖아. 고개 좀 내밀어 보라고.

잠시 남생이를 든 채 기다리자 슬쩍 콧잔등이 기어 나왔다. 다행히 바늘은 입 끄트머리에 걸려 있었다(파고들었다간 큰일 날 뻔했다). 빼주려고 손을 대자 또다시 머리를 숨긴다. 한동안 참고 기다리자 또다시 슬쩍 고개를 내민다. 이번에는 그대로 목덜미를 잡았고, 발버둥치는 남생이에게 손을 긁히면서도 어찌어찌 바늘을 빼내 연못에 풀어주었다. 남생이에게는 아닌 밤중에 홍두깨였겠지만 덕분에 나도 진땀 깨나 흘렸다.

○

물 밑에는 정말로 괴물이 숨어 있을 때도 있다.

이 또한 초등학생 때의 일이다. 집에서는 조금 멀지만 시내에는 수로에서 낚시를 할 수 있는 고분이 있었다. 일단은 유료 낚시터였지만 관리인 아주머니가 "어린 애니까 떡붕어만 낚지 않는다면 돈은 안 내도 돼"라고 했다. 그래서 납자루나 낚을 생각이었건만, 이 수로에는 괴물이 살고 있었다.

한여름이면 수면에 마름이나 수련이 무성해진다. 조금이지만 가시연꽃도 자라고 있었을 것이다. '어린아이

가 올라타도 가라앉지 않는 잎'으로 유명한 아마존의 큰
가시연꽃을 축소해놓은 느낌이다. 아니, 축소했다는 표
현은 예의가 아니리라. 큰가시연꽃이 지나치게 거대할
뿐이지 가시연꽃도 충분히 무시무시하다. 이파리도 큼
직한 데다 잎 뒤쪽은 지옥처럼 가시가 삐죽삐죽 돋아나
있다.

한여름의 햇살 아래서 연못 주변을 걷고 있으려니 수
면에서 푸앗, 하고 이상한 소리가 들려왔다. 눈길을 돌
려보니 뭔가가 수면에 있었는지 작은 파문이 남아 있다.
그리고 작은 거품이 보글보글 떠올랐다.

한동안 뙤약볕을 맞으며 번쩍거리는 수면을 바라보았
지만 탁한 물속에서는 더 이상 아무것도 보이지 않았다.

그런 일을 몇 번 더 겪고 난 어느 날, 마침내 그 정체
를 목격했다.

수련 잎이 찢어진 부분에서 뭔가가 움직이는 모습이
보였다. 수면 바로 밑에 뭔가가 있다. 헌데 정체가 뭘까.
진흙 같은 색이었다. 잉어나 붕어는 아니다.

거의 몸을 움직이지 않은 채 천천히 물풀 뒤에서 미끄
러지듯 기어 나온 녀석은 길이가 1미터에 가까운 거대
한 무언가였다. 생김새는 마치 어뢰 같았다. 기다란 머

리는 앞으로 갈수록 가늘어졌고, 입 끝은 납작한 편이다. 몸은 퉁퉁하고 길다. 동그란 꼬리지느러미. 색깔은 진흙처럼 윤기가 없는 회갈색이었다.

피라루쿠인가?

퍼뜩 머릿속에 피라루쿠가 떠올랐다. 하지만 남미가 원산지인 세계 최대의 민물고기가 이런 곳에 있을 턱이 없다. 뭐, 있다면 엄청난 일이긴 하다. 누가 풀어놓은 걸까? 하지만 겨울에는 살아남을 수 없을 텐데.

녀석은 방향을 틀어 이쪽으로 고개를 돌렸다.

아래턱이 튀어나온 입과 광채가 없이 흐리멍덩하고 동그란 눈이 보인다. 나는 기본적으로 눈코입이 보이지 않는 동물은 썩 좋아하지 않는다. 뭐랄까, 무슨 생각을 하는지 눈빛을 읽을 수 없어서 싫어한다. 물고기는 눈코입이 뚜렷하지만 이 녀석의 눈은 조금 무서운데…… 보이기는 하는지, 몸 색깔과 마찬가지로 눈도 진흙 같은 색깔이다. 아무튼 정체는 알아냈다. 저 얼굴은 도감에서 본 적이 있었고, 특징적인 몸 옆쪽의 반점도 눈에 띄었다. 뇌어, 아마도 가물치이리라.

뇌어는 한자로 '雷魚'라고 쓴다. 본래 일본에는 없었던 외래종이다. 러시아 연해주, 중국, 한반도가 원산지인

가물치와 중국 남부에서 동남아시아가 원산지인 대만가물치가 일본에 들어와 있지만 두 종은 무척 닮았기 때문에 딱히 구별하지 않고 뇌어라고 부른다. 스몰스네이크헤드라는 소형 가물치도 분포는 한정적이지만 일본에 정착했다.

육식성인 뇌어는 물고기나 개구리를 먹는다. 일본의 생태계에 악영향을 미친다고 알려졌지만 최근에는 오히려 줄어드는 추세다(물론 그렇다고 일본에 있어도 된다는 뜻은 아니지만).

본래 식용으로 들여왔지만 일본에서는 별로 이용되지 않았다. 중국이나 동남아시아에서는 즐겨 먹는다. 크게 자라는 데다 통나무 같은 체형이라 살집도 많고, 맛있는 흰 살 생선이니 식용으로는 확실히 나쁘지 않으리라. 아무리 봐도 진흙 냄새가 날 듯하고 생김새도 비단구렁이를 닮았다는 점만 신경 쓰지 않는다면 말이다. 그리고 뇌어에서는 악구충(顎口蟲)이라는 기생충이 자주 발견된다. 본래 사람을 숙주로 삼지는 않지만 자칫 먹었다간 기생충이 몸속을 돌아다니다 뇌나 눈까지 도달해 심각한 장애를 일으키기도 한다. 절대 날로 먹어서는 안 된다.

길이 1미터의 거대 가물치

참고로 뇌어의 중국식 명칭은 '鱧(례)'다. 일본에서는 갯장어를 뜻하는 한자다. 일본에는 뇌어가 없었기 때문에 갯장어에 이 한자를 사용한 모양이다. 단순한 상상이지만 먼 옛날, 중국에서 한자를 도입한 시대에 '례(鱧)는 몸이 길쭉하며 입이 길고 이빨이 날카로우며 맛있는 생선'이라는 이야기를 듣거나 읽고는 '아하, 갯장어 말이구나'라고 생각한 것이 아닐까? 마찬가지로 중국의 고서에 등장하는 '유(鮪, 철갑상어)'와 '규(鮭, 복어)'라는 한자는 각각 일본에서 참치와 연어로 통한다. 유(鮪)에 관한 설명은 '물고기의 왕인 듯 크고 맛있는 생선', 규(鮭)는 '바다에도 살지만 강으로도 올라오는 물고기'가 아니었을까. 복어 중에는 민물에서 살거나 민물과 바닷물이 만나는 곳에서 사는 종류도 있으며 중국에도 분포해 있다. 지금도 복어를 한자로 하돈(河豚)이라 쓰는 것은 그 때문이다. 해돈(海豚)은 돌고래를 일컫는 말이다.

그건 그렇다 치고.

뇌어의 기묘한 특징은 공기 호흡을 할 줄 안다는 점이다. 상새기관(上鰓器官)이라는 호흡기관이 있어서 공기 중의 산소를 받아들일 수 있다. 오히려 아가미만으로는 부족해 공기를 마시지 않으면 죽고 말 정도다. 이 능력 덕분에 온도가 높고 탁하며 산소가 적은 물에서도 살아갈 수 있다. 우기와 건기가 반복되는 열대 아시아에서는 편리한 기능이다. 내가 들은 푸앗, 하는 소리는 뇌어가 입을 수면 위로 내밀어 공기를 마시는 소리였던 것이다.

이 괴물을 몇 번이고 루어로 잡아보려 했지만 뇌어는 생김새와 다르게 몹시 예민한 물고기였다. 조금이라도 인기척이 느껴지거든 줄행랑을 치고, 루어를 던질 때 나는 물소리에도 민감하다. 하지만 그 괴물을 한번이라도 좋으니 물속에서 끌어내고 싶었다.

그런 생각에 낚시터를 다니던 어느 펄펄 끓는 여름날이었다. 나와 함께 가준 미카미 씨(당시 고향집에 함께 살던 하숙생 같은 사람)의 낚싯대에 마침내 뇌어가 걸렸다.

루어가 수면에서 참방참방 움직인 그때, 마름 잎을 날려버릴 기세로 퍼엉! 하고 물보라가 일었다. 개구리를 꼭 닮은 플라스틱 루어를 노리고 수초 밑에서 뇌어가 달려든 것이다. 곧이어 악어 배처럼 하얀 복부와 턱 밑을 드러내며 뇌어의 거대한 몸뚱이가 수면 위로 절반 가까이 뛰어올랐다. 한 번이 아니다. 두 번, 세 번. 엄청난 물소리를 내며 1미터는 됨직한 물고기가 수면으로 튀어

오른다. 세 번째에 수면에서 머리를 흔들었을 때, 뇌어의 입에서 빠진 루어가 날아가는 모습이 보였다.

불과 몇 초. 그만큼 짧은 싸움이었지만 그 희끄무레한 배를 비틀며 수면 위로 뛰어오른 뇌어의 모습은 지금도 기억에 생생하다.

그로부터 여러 해가 지난 고등학생 때였다. 전혀 다른 연못에서 별 생각 없이 손수 만든 루어를 던져보았다.

발사나무를 깎아서 만든 가벼운 루어는 순풍을 타고 10미터 정도 떨어진 수면으로 작은 소리를 내며 떨어졌다. 그 루어로부터 몇 미터 떨어진 수면에서 뭔가가 스르륵 움직이는 모습이 보였다. 응? 뇌어처럼 보였는데?

물고기의 모습은 금세 사라졌다. 잠수한 것이다. 곧이어 꿀렁, 하는 작은 소리를 내며 루어가 사라졌다. 바로 아래쪽에서 다가온 뇌어가 코앞에서 입을 벌려 물, 공기와 함께 루어를 빨아들인 것이다.

곧바로 낚싯줄이 쑥 빨려 들어갔다. 이런. 오늘은 블루길을 잡으려고 훨씬 가벼운 낚싯대를 들고 왔는데. 이런 낚싯대로 60센티미터는 됨직한 뇌어를 상대할 수 있을까!

그렇게 생각했을 때, 낚싯대가 순식간에 가벼워졌다. 뇌어의 입은 거대하다. 입 크기도 크지만 무엇보다 입 안이 널찍하다. 빨아들인 루어가 어딘가에 걸리기도 전에 퉤, 하고 뱉어버린 것이다. 하지만 루어에는 뇌어의 이빨 자국이 뚜렷하게 새겨져 있었다.

그 여름날에 보았던 괴물과의 대결은 아직까지 실현되지 않았다.

　고등학교 1학년 때, 지인의 초대를 받아 여름방학에 아오모리현으로 향했다.

　집에 자주 찾아오던 손님 중 가와사키 씨라는 낚시 애호가가 있었는데, 그분이 "본격적인 계류낚시를 해보고 싶다면 꼭 와보라"고 내게 권했기 때문이다. 시모키타반도의 오하타라는 곳으로, 댁에서 엎어지면 코 닿을 거리에 강이 있었다. 역시나 도호쿠 지방이라고 해야 할까, 그 근방은 낚싯배가 매여 있을 법한 하구인데도 무지개 송어가 낚인 적이 있다고 한다.

"그 녀석은 강에서 바다로 내려가는 송어가 아니었을까요. 그렇다면 스틸헤드였겠네요."

부처님처럼 귓불이 복스러운 가와사키 씨는 기분 좋게 말했다. 참고로 스틸헤드란 강에서 바다로 내려가 서식하는 무지개송어로, 미국에는 스틸헤드만 노리는 열광적인 낚시꾼이 있을 정도다.

그 뒤로 상류에 있는 낚시 캠프로 안내를 받아 계류낚시를 경험했다. 뭐, 초보자였으니 한 마리도 낚지 못했지만 여름의 도호쿠는 빛으로 가득하고, 맑디맑은 계곡물에 뛰어들어 헤엄치다 보면 눈앞에 산천어가 있는, 그야말로 천국 같은 곳이었다. 낮과는 또 다르게 밤이면 낚시에 능숙한 가와사키 씨가 낚아준 산천어나 곤들매기를 구워먹었다.

그러던 어느 날, 홀로 강을 거슬러 올라가 보니 눈앞에 넓고 깊은 못이 나타났다.

오하타강 부근은 지질이 어떻게 되는지, 평평한 암반 위로 물이 졸졸 흐르다가도 한가운데로 가면 움푹 팬 본류가 나온다. 그 본류가 넓게 퍼져서 골짜기를 가득 채울 정도로 깊어지고 있었다. 거슬러 오르기는 무리다. 이 못이 어느 정도 깊이인지는 짐작조차 되지 않는다.

투명한 물속에 바위가 보이지만 그 뒤로는 푸르스름한 어둠 속으로 사라지고 있었다.

상류로 향하려면 한번은 강에서 나와야겠으나 이 못에는 엄청난 대물이 있을지도 모른다. 가와사키 씨의 말에 따르면 40~50센티미터나 되는 곤들매기나 야생으로 돌아간 무지개송어도 낚인다고 한다.

퍼뜩 옆으로 고개를 돌려보니 40센티미터는 넘을 법한 무지개송어가 조용히 본류를 지나 못 안으로 사라지는 모습이 보였다. 우와, 진짜로 있잖아.

깊게 가라앉히려면 이게 좋겠다 싶어 가느다란 숟가락처럼 생긴 루어를 골라 못 안으로 던졌다. 낚싯줄이 알아서 가라앉게끔 한동안 그대로 내버려둔 뒤, 릴을 감아 루어를 당기기 시작했다. 깊게, 얕게, 다양한 각도에서 물살을 공략해본다. 하지만 물고기의 기척은 느껴지지 않는다. 루어를 바꿔보았지만 역시나 마찬가지다. 해가 높이 뜬 여름날에는 낚이지 않는 걸까.

바로 그때, 루어 뒤쪽에서 뭔가가 보였다. 물고기다. 10센티미터쯤 되는 산천어가 먹이로 삼기에는 너무나도 큰 미끼에 바짝 달라붙어 있었다.

이는 물고기가 이따금 보여주는 행동이다. 블랙배스

같은 물고기도 그렇지만 특히 작을 때는 자극에 대해 순진하게 모여들 때가 있다. 육식동물이기 때문에 먹이를 연상케 하는 자극을 접하면 반사적으로 뒤쫓는 것이리라. 그렇다고는 하나 루어보다 딱히 크지도 않은 새끼 배스가 열 마리 넘게 무리지어 '이게 뭐야? 이게 뭐야?' 하며 루어를 쫓아온다면 낚시 운운하기 이전에 웃음부터 터지고 말리라.

아무튼 루어는 발밑까지 돌아왔지만 산천어는 여전히 떠날 줄 모른다. 낚싯대를 써서 8자를 그리듯 루어를 움직이자 산천어는 장난감을 가지고 노는 고양이처럼 입을 크게 벌린 채 루어를 따라다닌다. 급기야 등이 드러날 만큼 얕은 물로 올라왔다. 그러자 몸을 획 돌려 못으로 사라졌다.

호오, 나하고 놀아준 모양인걸. 산천어는 훨씬 경계심이 강하고 조심스러운 물고기라고만 생각했는데, 이런 면도 있었구나.

그렇게 생각하며 다시금 몇 차례 루어를 던져서 깎아지른 암반 근처의 깊은 물에 가라앉혔을 때였다.

여느 때와 다름없이 물속에서 이쪽을 향해 올라오는 루어의 빛이 보였다. 그 뒤에서 뭔가가 움직였다. 어두운 물 밑에서 빨간빛이 번진다. 점점 커지기 시작한다. 내 얼굴을 향해 곧장 다가온다! 새빨간 입이!

그것은 크게 벌려진 거대한 물고기의 입이었다. 그대로 눈을 향해 날아들지도 모른다는 공포에 휩싸인 나는 저도 모르게 릴을 감던 손을 멈췄다. 속도를 잃은 루어가 움직임을 멈추고는 천천히 가라앉는다.

그러자 거대한 곤들매기는 루어에 흥미를 잃었는지 휙 몸을 돌렸다. 그리고 꼬리를 한 차례 흔들고는 어둠 속으로 사라졌다.

별안간 세상에 빛이 돌아오더니 매미 울음소리가 한여름의 계곡을 감쌌다.

어두운 물 밑에서 나타난 곤들매기

그리고 지금, 나는 아라카와강에서 낚아 올린 농어의 피를 빼고 있다. 사실은 곧장 돌아가 요리를 해야겠지만 오늘은 조황이 괜찮을 듯하다. 조금만 더 해보자.

똑같은 루어를 같은 자리에 던졌다. 두 번째, 또다시 난데없이 묵직하게 입질이 왔다. 하지만 물속에서 고개를 흔드는 바람에 바늘이 홀렁 빠진 모양이다. 물고기는 도망가고 말았다.

몇 발짝 움직여서 던진 뒤에 기다리자 10미터쯤 떨어진 곳에서 먹이를 한 입 뜯어먹고는 다시 돌아온 녀석이 있었다. 또 같은 느낌이다. 힘껏 챔질을 해서 끌어당긴다. 조금 전보다 조금 더 무겁지만 그렇게까지 날뛰지는 않는다. 하지만 느낌만 보자면 농어이리라.

끌어들여 보니 역시나 농어였다. 게다가 방금 전 녀석보다 조금 더 크다. 45센티미터 정도다. 하지만 먹을 몫은 이미 확보했으니 쟁여놓을 필요는 없으리라. 이 물고기는 물에서 건져 올리는 대신 호안에 넙죽 엎드린 채물속에 손을 넣어서 바늘을 벗겨낸 다음 강으로 돌려보냈다.

그로부터 몇 번을 더 던졌다. 겨우 4미터쯤 앞에서 루어가 뭔가에 부딪힌 것처럼 멈췄다. 무겁다. 이런, 바위에 걸리기라도 한 걸까. 당황하여 손에서 힘을 빼자 동시에 낚싯대 끝부분이 쑥 끌려들어 갔다. 아니, 물고기다! 다급히 낚싯대를 세게 잡아당겼다. 하지만 내가 움직인 만큼 낚싯대 끝부분이 휘어졌다. 등줄기가 서늘해지며 심장박동이 빨라진다. 상대는 꿈쩍도 않을 만큼 커다란 녀석이다.

챔질을 했을 때는 낚싯줄을 반대로 살짝 잡아당기기만 했을 뿐 움직이지 않았던 그 녀석이 조용히 멀어지기시작했다. 눈 깜짝할 사이에 낚싯줄이 팽팽해지더니 핑,

거대한 뭔가에 늘어난
낚싯바늘

끼기기기긱, 하는 소리를 낸다. 위험하다. 이대로 가다간 낚싯줄이 끊어진다. 급히 낚싯대 끝마디를 물고기에게로 보내며 릴의 드랙을 느슨하게 한 뒤, 거꾸로 돌려서 낚싯줄을 풀었다. 지익, 하는 소리를 내며 낚싯줄이 풀려나간다. 상대방은 당황하지도, 소란을 부리지도 않으며 낚싯줄을 문 채 계속해서 멀어지고 있다. 이런, 이건 정말로 큰 녀석인데.

슬쩍 드랙을 조여 보니 순식간에 엄청난 압력이 가해졌다. 가이드에 스친 낚싯줄이 끼리리리릭, 하는 소리를 냈고, 쥐고 있던 손잡이 밑에서 낚싯대가 구부러지는 느낌을 받았다. 틀렸다, 팔꿈치도 펴지기 시작했다. 이 녀석은 덤빌 만한 상대가 아닐지도 모른다.

그렇게 생각한 순간, 별안간 오른손이 가벼워지더니

낚싯대 끝마디가 핑, 하고 튕겨져 나왔다. 낚싯줄이 끊어진 것이다! 아이고, 루어를 문 물고기를 놓치고 말았다. 낚싯바늘이야 조금씩 밀려나다 물고기의 몸에서 떨어지는 경우도 많다지만 루어와 낚싯줄까지 불편하게 질질 끌고 다녀야 한다니 마음이 편치 않다. 역시나 좀 더 튼튼한 낚싯줄로 교환해둘 걸 그랬다.

그렇게 생각하며 릴을 감아보니 뜻밖에도 익숙한 저항감이 남아 있었다. 루어가 사라졌다면 아무런 저항 없이 감겼으리라. 루어가 달려 있다는 뜻이다. 그래, 낚싯바늘만 떨어진 거구나. 그건 그렇고, 크기는 어느 정도나 됐을까. 경험상 60센티미터쯤 되는 잉어도 그 정도 무게감은 아니었다.

루어를 감아올리며 '어쩌면 빗나가서 몸통에 걸렸는지도 몰라, 그렇다면 비늘이 붙어 있을 수도 있겠지'라는 생각에 바늘을 확인해보았다. 그리고 경악했다.

닻처럼 생긴 트리플 훅의 바늘 중 하나가 보기 좋게 늘어나 있었던 것이다. 싸구려라고는 하지만 강철로 만들어진 낚싯바늘이 말이다. 방금 그 녀석은 정체가 뭐였을까? 물귀신인가?

진상은 아라카와강 밑으로 사라지고 말았다. 고등학

생들이 합주 연습을 하러 오고, 달리기 선수가 산책로를 달리며, 야구부가 운동장에서 소리를 치는 그 아라카와 강, 센주대교 바로 앞에서.

언제 어느 곳이든, 어두운 물 밑에는 괴물이 숨을 죽이고 있다.

다른 새를 관찰할 때는 천적인 까마귀에게
들키지 않도록 세심한 주의가 필요합니다.

# 뒷산
# 탐험

나무딸기,
으름덩굴,
칡, 멧돼지,
사슴, 오소리,
족제비, 여우

●

천천히 숲길을 걸으며 숲 안쪽을 살핀다. 조금 전 까마귀 소리가 들린 곳은 이 부근이다. 어디를 통해 숲으로 들어갈까.

군화 끈을 고쳐 맨 뒤 우거진 빈도리(일본이 원산지인 수국과의 낙엽관목-옮긴이) 옆을 지나 숲 안쪽으로 걸음을 내디뎠다. 입구는 수풀이 무성한 평지다. 다리에 들러붙은 마른 삼나무 잎을 털어내며 비탈길에 들어선다. 처음에는 몸이 뻣뻣했지만 금세 숲속에서의 리듬을 되찾아간다. 허리를 굽힌 채 어깨를 앞으로 내밀어 덤불을 헤치고, 발끝으로 발밑을 더듬어 무너지기 쉬운 흙을 찾아내고, 지나가기 쉬운 틈새를 찾아 요리조리 움직이고, 삼나무 사이를 뚫고 비탈을 오른다. 그런다고 네발짐승이 될 수는 없건만 걸음을 옮길 때마다 조금씩 자세가 낮아지는 것은 마음만이라도 네 발로 돌아다니던 그때로 돌아갔기 때문일까. 꼿꼿하게 서서는 제대로 걸을 수 없다.

경사면이 급격히 가팔라지더니 벽처럼 변했다. 발밑이 후두둑 무너져 내린다. 직등을 피하고 대각선으로 진로를 잡아 비탈을 오르다 고개를 돌려 나무 위를 확인한다. 이곳이 까마귀가 지키는 일대라면 주변 경사면에 둥지가 있을 법도 한데.

숲에 들어설 때마다 발이 닳도록 걸어 다녔던 야쿠시마섬의 숲속이 떠오른다. 그리고 그 연습을 위해 올랐던 집 뒷산도. 돌이켜보면 훨씬 예전부터 뒷산이나 가스가 숲으로 곧잘 '탐험'을 떠나고는 했다.

대충 뒷산이라고 표현했지만 고향집 뒷산, 이른바 '가스가산'은 길게 늘어선 여러 산으로 이루어져 있다. 집에서 보이는 것은 산에 불을 놓는 행사로 유명한 와카쿠사산, 홀로 우뚝 솟아 있는 미카사산, 정상에 들판이 있으며 다이몬지야키(조상의 혼령을 저승으로 보내준다는 의미에서 산에 횃불로 '大'라는 한자를 만드는 축제-옮긴이)가 열리는 다카마도산, 그리고 '가스가오쿠산'이라고도 불리는 하나야마산이다. 집 근방에서 산으로 향하는 여러 길 중 계곡을 따라서 산으로 들어가는 길인 야규가도는 미카사산과 다카마도산 사이의 골짜기를 지나서 야규마을까지 이어진다. 중간에 왼쪽으로 꺾으면 하나야마산 기슭을 통해 와카쿠사산에 도달하게 된다. 주먹밥 연못에서 한층 더 나아가서 산으로 들어가면 다카마도산이다.

야규가도를 거슬러 올라, 평소 같았으면 걸음을 돌렸을 지점에서 계속 전진해보자. 미끄러지기 쉬운 돌층계를 따라 걸어가면 석일관음과 조일관음이라 불리는 마애불이 나온다. 계속해서 올라가면 목 잘린 지장보살이 있다. 바위를 깎아서 만든 작은 지장보살이지만 이름 그대로 목 부분에 싹둑 잘린 흔적이 있다. 듣자하니 에도시대 초기의 검객인 아라키 마타에몬이 시험 삼아 베었던 흔적이라고 한다. 아라키 마타에몬은 검술의 명가인 야규가문에서 검술을 배웠다고도 하는데, 그렇다 해도 어째서 마타에몬이 하필 지장보살님을 상대로 검술 실력을 시험해야 했는지는 알려져 있지 않다.

그다음으로는 신이케 연못이 나오고, 연못 앞에서 왼쪽으로 꺾으면 가스가오쿠산 산책로가 나온다. 조금 걷다 보면 나오는 고갯길 찻집에서 계속 걸어가면 우구이스 폭포를 지나 나라 공원으로 내려오게 된다.

이 일대의 산은 가스가산 보전 지역과 그 외부에 있는 산으로 이루어져 있다. 흔히들 말하는 '가스가오쿠산 원시림'이 진정한 의미에서의 천연림이 맞는지 어떤지는 알 수 없으나, 숲의 형태는 천연림다운 느낌이 물씬 풍긴다. 어딘가에 인간의 손길이 닿았다 하더라도 크게 바뀌지는 않았으리라.

이곳은 현재로서는 대단히 귀중해진 상록활엽수, 이른바 조엽수(照葉樹. 잎이 작고 두툼하며 윤기가 감도는 상록활엽수로, 습도가 높고 기온이 안정적인 곳에서 자란다-옮긴이)가 우위를 점하고 있는 삼림이다. 모밀잣밤나무, 종가시나무, 녹나무 등이다. 삼나무도 섞여 있지만 아마도 대부분 천연 삼나무이리라.

계절을 불문하고 나뭇잎이 가득한 조엽수림은 항상 울창하게 우거져 있기에 어두컴컴하다. 흔히 말하는 마을 산이나 낙엽수림대와는 전혀 다르다. 여름이 되면 짙은 초록빛과 윤기가 감도는 두툼한 잎에서 반짝이는 반사광, 그리고 시커먼 나무그늘이 뒤얽힌 덩어리가 압도적인 존재감을 드러내며 앞길을 가로막는다. 멀리서 보면 수북한 브로콜리 같지만 다가가 보면 그것은 초록색 벽이다. 도저히 들어갈 수 없어 보인다. 뭐, 실제로 들어가 보면 의외로 탁 트여 있어서 걷기 쉽지만(조엽수림은 어두워서 바닥에 잡초가 자라기 어려운데, 나라의 경우는 그마저도 사슴이 먹어치우기 때문이다).

환하게 밝은 낙엽수림뿐 아니라 어둡고 습한 조엽수림도 놀이터가 된다.

실제로 나는 그곳에서 뛰어놀고는 했다. 물론 그 어둑어둑한 정경, 그리고 신사의 성역으로 이어진 곳이라는 사실은 경외와 공포를 불러일으켰지만 그렇다고 놀러가지 않았던 건 아니다. 다만 밤 깊은 나라 공원에서 느껴지는 어둠과 공포는 밤에 잡목림에서 곤충채집을 할 때와 차원이 다르다.

솔직히 말하자면 내게는 마을 산에 대한 이렇다 할 인상이 없다. 고향집 인근의 '마을 산', 다시 말해 졸참나무나 상수리나무 신탄림(薪炭林. 땔감이나 숯을 얻기 위해 가꾸는 숲-옮긴이)은 방치된 지 오래라 대숲이나 삼나무 숲과 뒤섞여 있었고, 면적도 딱히 넓지 않았다. 마을 산이라 해도 그 상태는 제각각이다. 에도시대에는 마을 주변의 산(특히 마을 사람들이 공동으로 관리하는 산)들이 남벌로 민둥산이 되었다는 사실도 익히 알려져 있다. 또한 퇴비로 쓰기 위해 마을 산에서 낙엽이나 잡초를 유출시

켰다간 산이 야윈다는 것도 뻔한 사실이다. 지금처럼 마을 산에 나무나 풀이 우거진 시기는 반출 초과 상태가 된 마을 산에 유기물을 채워주는 시기라고도 볼 수 있으리라.

그래서 나는 상록수가 빽빽하게 우거진 산도, 거친 덤불투성이 산도 무척 좋아한다. 아무래도 '깔끔하게 손질된 산'이야말로 '좋은 산'이라 생각하는지 낙엽이나 덤불이 남아 있으면 "산이 거칠어졌잖아!"라며 화를 내는 사람도 있는 듯하나, 나는 결코 그렇게 생각하지 않는다. 물론 임업이나 숯구이에는 부적합할지도 모르지만 산의 가치는 그게 전부가 아니다. 덤불 속에 숨어서 놀아보면 한층 잘 알 수 있다.

초여름이면 집 뒤쪽 저수지 부근이나 주먹밥 연못으로 향하는 언덕길 중턱에 나무딸기가 열매를 맺는다. 으름덩굴이 자라는 곳도 몇 군데 알고 있었다. 쩐득쩐득하고 달콤한 으름덩굴은 가을 '탐험'에서의 별미였다. 또 겨울이면 양달의 시든 덤불이 포근하고 편안했다. 칡이 돔처럼 뒤엉킨 채 시들어버리면 마치 새장 같은 공간이 나타난다. 들어가 보면 그다지 넓지는 않아도 꼭 텐트 같아서 재미있다. 이런 곳은 '비밀기지'를 만들기에 안

성맞춤인 장소다.

뭐, 말이 좋아 기지지 평생 가는 건 아니고 특별한 뭔가가 있는 것도 아니다. 대개는 덤불 안에 공간을 만든 다음 나뭇가지를 엮어서 입구 비슷하게 만들어놓았을 뿐이다. 다만 이렇게 비밀기지를 만들다 보면 덤불 밑이 더 기어들어 가기 쉽다는 사실을 깨닫는다. 위쪽은 덩굴이 얽혀 있어서 성가시기 때문이다.

그리고 때로는 신기하게 드나들기 쉬운 공간이 이미 완성되어 있을 때도 있다. 요컨대 짐승 길이다. 사람이 지나기에는 당연히 너무 좁지만 아이들이 한번 들어가 보자고 마음먹기에는 충분하다. 딱히 의식하지는 않았지만 짐승 길을 이용해 덤불 속으로 숨어든 적도 간혹 있었으리라.

○

　다카마도산에 올라가 본 것은 초등학교 몇 학년 때였을까.

　평소처럼 미카미 씨와 함께 아이들 몇 명이서 산으로 향했다. 그날은 '저 산꼭대기까지 가보자!'라는 생각에 물통과 간식을 들고 갔다. 미카미 씨는 아마도 어른의 시선에서 '이 정도 거리는 별것 아니다'라고 생각했으리라. "그래, 갈까?" 하고 선뜻 자리에서 일어나더니 따라나서 주었다.

　처음에는 별것 아니었다. 항상 놀러 가던 주먹밥 연못

옆을 지난 다음에 그네가 있는 무덤을 지나쳐서 그대로 쭉 가면 된다.

여기서부터는 평소와 조금 다른 지역이다. 우선 기분 나쁜 무연고 묘지가 있다. 그다음에는 칙칙한 연못이 등장한다. 그 연못 옆에서 왼쪽으로 방향을 틀어 산으로 향한다.

점점 좁아지는 샛길을 따라 덤불을 헤치며 나아가면 또다시 작은 저수지가 나온다. 그다음부터는 거의 길이 없다. 저수지를 관리하는 사람이나 가끔씩 지나는 길이리라.

졸참나무와 소나무, 덤불에 파묻힌 산속 샛길을 막무가내로 올라갔다. 덥다. 숨이 찬다. 결코 나약하지는 않지만 길이라고 부르기도 힘든 이런 길은 밟아본 적이 없다. 나무를 움켜쥐고 몸을 잡아당기다시피 하며 산길을 올랐다.

산길을 오르자 덤불이 많아지기 시작했다. 이러면 지나갈 수가 없잖아. 어쩜담.

그렇게 생각했더니 미카미 씨가 휙 하니 덤불을 헤치고 지나갔다. 어? 여길 지나가자고? 바스락거리며 얼굴에 부딪히는 덤불을 치워내고, 나뭇가지와 가시 따위에 곳곳을 긁히며 산길을 통과한다.

계속해서 나아가자 참억새 덤불을 마구 짓뭉갠 듯한 흔적이 있었다. 지름은 1미터 남짓. 질퍽한 지면 위로 쓰러진 참억새가 수북이 쌓여 있다. 그리고 어쩐지 참억새를 한데 모은 다음에 추어올리거나 밀어붙여서 빈 공간을 만든 듯한 느낌이다. 참억새로 만든 지붕이라고나 할까. 그래, 그거다. 무인도에서 조난을 당해서 집을 지은 듯한 느낌.

"이게 뭘까."

"새 둥지야."

"동물의 은신처 아닐까."

아이들이 저마다 떠오른 생각을 입에 올렸지만 미카미 씨도 모르겠단다. 하지만 어쩐지 낯이 익었다. 그래, 동물도감에 나왔던 '멧돼지의 침실'과 비슷한 느낌이다. 멧돼지가 쉴 곳 삼아 짓는다고 한다.

들어가 볼까 하는 생각도 들었지만 어쩐지 어딘가에서 보고 있던 멧돼지가 화를 낼 것만 같아서 그만두었다. 앞으로 나아가려다 떨어져 있는 똥을 발견했다. 아니, 이건 사람 똥이 아니다. 좀 더 동글동글하게 끊어져 있다. 크기는 사람의 똥과 비슷하지만 사람보다는 사슴

똥을 더 닮았다. 멧돼지 똥이 분명하다. 역시 이곳은 멧돼지의 주거지였던 것이다.

계속해서 걸음을 옮기는 사이에 조금 평탄한 곳으로 나왔지만 그곳 역시 정상과는 거리가 멀었다. 기슭에서 올려다보았을 때의 모습을 떠올리면…… 아하, 산 중턱에 있던 살짝 평평한 곳이 틀림없다. 산 정상까지는 아직 한참 남았다. 게다가 앞길은 덤불로 가득했다. 피곤한 데다 배도 고팠다. 눈물이 날 것 같았지만 간식으로 감자칩을 먹었더니 기운이 났다.

그곳에서 삐죽삐죽한 가시나무 덤불 밑으로 기어들어

인간의 똥만큼 커다란 멧돼지의 똥

가기도 하면서 계속 전진한다. 나라 공원의 숲과 다르게 무척 덤불이 많고 험한 산이다. 돌이켜보면 오래된 마을 산이 방치되면서 자연스럽게 갱신되어가는 과정이었으리라. 소나무나 졸참나무 숲은 한창 젊은 형태의 숲으로, 빛이 들어오기 쉬운 환경이다. 나무가 성장하고 수종(樹種)이 바뀌어 가거나 이파리 부분이 무성해지면 지면이 어두워져서 덤불이 줄어들기 시작하리라.

체감상 몇 시간은 족히 지난 느낌이었지만 훌쩍 나가서 훌쩍 돌아왔으니 그렇게까지 오래 걸렸을 리는 없다. 기껏해야 산으로 들어간 지 한 시간 안짝이었으리라. 덤불숲을 헤쳐 주는 미카미 씨를 따라가자 돌연히 눈앞이 확 트였다. 그곳이 산 정상이었다.

산 위의 들판에서는 나라시가 한눈에 들어왔다. 저기가 집 근처, 저기가 다이도지, 저기는 고후쿠지, 저기가 역, 저쪽이 학교…….

다만 전망은 굉장했어도 그 밖에 이렇다 할 감동은 없었다. 아직까지도 '기왕 올라왔으면 정상을 찍어야지'라는 마음이 들지 않는 건 그날 이후로 여전한 모양이다.

　나라 공원은 조엽수가 우거진 삼림이다. 지표 부근에
는 마취목(馬醉木)이 많다. 말이 취하는 나무라는 이름에
서 알 수 있듯 독성이 있기 때문에 사슴이 먹지 않기 때
문이다(진짜로 먹이가 없으면 먹기도 하는 모양이다만). 녹
나무, 모밀잣밤나무, 떡갈나무가 머리 위를 뒤덮고 있어
서 숲속은 낮에도 어둡다.

　그리고 이곳은 사방 천지가 온통 사슴이 다니는 길이
었다. 동물이 항상 지나다니는 곳은 짓밟히는 통에 풀이
자라지 못하고, 낙엽도 얇게 깔리며, 나뭇가지 따위도

좌우로 헤쳐져 있기 때문에 의도치 않게 '길'이 생긴다. 물론 동물은 그때그때 상황에 따라 살짝 비켜서 걸어가기도 할 테니 말하자면 전자(電子)의 궤도 같은 '확률론적 길'인 셈인데, 그런 길이 온갖 방향으로 교차하고 있다. 이쯤 되면 숲속에는 사슴 발자국이 깊게 팬 곳과 얕게 팬 곳이 있을 뿐, 사슴 길이 아닌 곳은 없다고 하더라도 과언이 아닐 듯하다.

일본사슴의 몸무게는 암컷이라도 30킬로그램에서 40킬로그램은 나간다. 그리고 그 무게는 가느다란 다리 끝에 달린 발굽이 지탱하고 있다. 지면에는 뚜렷하게 발자국이 남는다. 의식적으로 생각해본 적은 없었지만 아마도 어렸을 때 '샛길'이라 생각했던 길 중에서 절반 정도는 사슴이 이용하는 짐승 길이었을 것이다.

발자국을 조금 더 제대로 의식한 때는 초등학교 6학년 무렵이었으리라.

작정하고 살펴보니 나라 공원 주변은 발자국으로 가득했다. 대개는 가느다란 발굽 두 개가 찍힌 자국으로, 이건 사슴이 분명했다. 네 개의 타원형 발가락과 삼각형의 육구 흔적이 남은 발자국도 종종 눈에 띄었지만 이건 보나마나 개다. 그 증거로 개의 발자국 주변에는 항상

주인의 구두 자국이 찍혀 있었다. 시골이니 가끔은 제 마음대로 돌아다니는 개의 발자국도 있었지만.

뭔가 훨씬 근사한 야생동물 발자국은 없을까 하는 마음에 되도록 '아니, 개가 아닐지도 몰라'라고 생각하려 했지만 아무리 보아도 역시 개의 발자국이 맞았다.

비가 그친 후 어느 날, 뭔가 발자국이 없을까 싶어 무턱대고 나라 공원을 돌아다니다 보니 '속삭임의 오솔길'에서 숲으로 들어가는 곳에 발로 밟은 듯한 작은 흔적이 있었다. 사슴은 아닌 듯하다. 훨씬 키가 작은 동물이 마취목 밑으로 기어들어 갔다.

가까이 가보니 발자국 하나가 남아 있었다. 경사면에 발을 올리고 꾹 밟은 자국이다. 크기는 고양이보다 조금 큰 정도. 하지만 육구의 흔적은 아니다. 손으로 찍은 듯한 느낌이 더 강하다. 발가락은 다섯 개였다. 그리고 각각의 발가락 흔적 앞쪽에는 가느다란 자국이 뚜렷하게 남아 있었다. 뭔가가 흙에 강하게 파고든 자국이다.

발톱 자국일까?

넓적하게 찍힌 발바닥, 발가락은 다섯 개에 긴 발톱.

오소리다!

확실하게 알아볼 만한 발자국은 하나뿐. 몸을 웅크려

손으로 찍은 듯한 느낌인
오소리의 발자국

보니 걸어간 자국이 숲 안쪽으로 이어져 있을 듯한 느낌이 들었지만 장담은 할 수 없었다. 게다가 이 부근은 신성한 땅이라는 느낌 때문에 들어가기 힘든 장소였다. 그이상 들어가는 건 포기했다.

이제 와 생각해도 당시의 내 견해는 옳았다고 본다. 나라에서 오소리의 모습을 본 적은 없었지만 척행성(발가락이 아니라 발바닥을 지면에 딱 붙이고 걷는 보행 방식)은 족제비과의 특징이다. 그 외에는 곰과 원숭이가 있지만 크기와 형태를 통해 제외할 수 있다. 미국너구리도 척행성이며 발가락이 다섯 개지만 훨씬 길다. 그리고 흰코사향고양이는 훨씬 동그랗다. 게다가 무엇보다 결정적인 단서는 무척이나 긴 발톱 자국이었다. 오소리의 앞발에는 긴 발톱이 있다. 이것으로 굴을 파고 지면을 파헤쳐서 먹이를 찾기 위해서다.

설령 모습이 보이지 않더라도 발자국이 있으면 그 동물이 그곳에 있었음을 알 수 있다. 나는 마치 탐정처럼 멋진 추리를 선보이는 이런 모습을 살짝 동경했다. 마침 그 당시 읽었던 어니스트 시튼의 《숲의 롤프》에도 그런 장면이 아주 많았기에 그 소설 역시 동경의 대상이었다. 롤프는 백인 소년이지만 미국 원주민인 쿼냅을 선생님 삼아 숲속에서 성장하며 자연에서 살아가는 데 필요한 다양한 기술을 몸에 익힌다. 바로 발자국을 구별하는 방법, 덫을 놓는 방법, 활과 화살을 만드는 방법, 설피(눈에 미끄러지지 않도록 신발 바닥에 덧대는 덧신-옮긴이)를 만드는 방법, 카누를 만드는 방법 등이다. 활과 화살은 꼭 만들어보고 싶었지만 유감스럽게도 근방에는 베어도 될 듯한 버드나무도, 물푸레나무도 없었으며 화살촉으로 쓸 호저의 가시도 구할 수 없었다.

그래서 초보 중의 초보였지만 가스가숲에서 땅바닥을 살펴보며 이런저런 생각을 해보았다. 여기 뚜렷하게 찍힌 발자국이 있다. 여덟 팔(八)을 거꾸로 뒤집은 모양, 다

발바닥을 딱 붙이고 걷는 오소리

시 말해 발가락이 두 개인 발굽 자국이다. 일본에서 발굽이 이렇게 생긴 야생동물은 사슴 아니면 영양, 아니면 멧돼지다. 이 근처에 영양은 없을 테니 사슴 아니면 멧돼지겠지. 뭐, 생각해볼 필요도 없이 사슴이리라.

발자국은 꼬이지 않고 이어진다. 이렇게 걷는 녀석이 한 마리. 이 녀석과는 발자국 크기가 다른 녀석이 또 한 마리. 숲에서 나와 오솔길을 이렇게 가로지른 다음에…… 이쪽 물웅덩이에 이어지는 발자국이 있다. 발자국이 겹친 이유는 앞발로 찍은 발자국을 뒷발로 밟으며 걸었기 때문이다. 이렇게 보면 일직선으로 깔끔하게 사뿐사뿐 걸음을 옮겼다는 사실을 알 수 있다. 발자국은 좌우로 약간 구불구불하지만 오른쪽 앞 발자국과 뒤 발자국, 왼쪽 앞 발자국과 뒤 발자국이 두 줄씩 너저분하게 남아 있지는 않다.

초코볼 같은 똥도 떨어져 있다. 틀림없이 사슴의 똥이다. 크기가 다른 똥이 있으니 역시나 여러 마리다. 똥은 아직 덜 말랐다. 그렇게 오래되지는 않았다. 여기를 지나 이쪽에서 숲으로 들어갔다. 여기 진흙에 밟은 흔적이 있다. 응? 역(逆)팔자로 나란히 찍힌 발굽 자국 뒤쪽에 스파이크 같은 흔적이 두 개 더 있다. 발가락이 두 개가 아니었어?

아니, 이건 곁발굽으로, 발굽 위쪽에 달린 퇴화한 발가락이다. 보통은 땅에 닿지 않지만 질펀이는 곳을 밟으면 자국이 생기기도 한다. 여기서 이 덤불 사이를 지나 이 샛길을 따라서…….

안 되겠다, 더 이상은 모르겠다. 딱딱한 지면에는 발자국이 남지 않으며 숲속은 사슴 발자국으로 가득하다. 똥도 오래된 것과 새것이 뒤섞여 사방에 떨어져 있다. 유감스럽지만 내게는 발자국에 대해 가르쳐줄 사람이 없다. 롤프 흉내도 이 정도가 고작이었다.

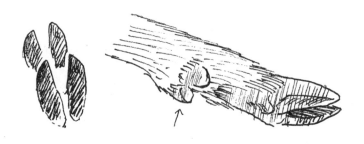

사슴의 발자국. 화살표는 곁발굽

하지만 이런 버릇을 들인 덕분에 숲에는 수많은 길이 있음을 알게 되었다. 동물이 덤불을 헤친 흔적이나 잡초를 밟은 자국, 지면에 남은 발굽 자국 등이다. 사방이 온통 덤불로 가득한 것처럼 보여도 자세를 낮춰보면 아래쪽은 터널 형태로 입구가 뚫려 있을 때가 많다. 동물의 어깨 높이는 무척 낮기 때문이다. 꼿꼿하게 선 채로는 눈에 들어오지 않는다.

부근을 살펴보면 똥도 자주 눈에 띄었다. 바위나 다리 위에 떨어져 있는, 새끼손가락보다 작고 가느다란 똥은 족제비가 남긴 녀석이다. 자세히 보면 깃털이나 다른 동물의 털이 섞여 있으며 작은 씨앗도 들어 있다. 족제비는 식물도 먹기 때문이다. 조금 더 큰 녀석은 담비의 똥일지도 모르지만 크기만으로 구분하기는 어렵다. 일부러 눈에 띄는 장소에 똥을 눈 데에는 아마 영역 표시의 의미도 있으리라.

물론 단순히 산책을 나온 반려견이 눈 똥인 경우도 많았다. 하지만 때로는 개똥 같지만 아무래도 개똥은 아닌 듯한 똥도 있었다. 살짝 가늘면서도 털이나 뼛조각이 섞여 있었기 때문이다. 누가 보더라도 작은 동물을 잡아먹는 녀석이다.

혹시 싶어서 고개를 가까이 대보니 고약한 냄새가 코를 찔렀다. 개똥 냄새는 아니다. 훨씬 강렬한, 동물원 우리 앞에서 날 듯한 냄새다. 이건 아마도 여우의 똥이리라. 여우는 본 적이 없었지만 있다 해도 이상한 일은 아니다. 아니, 없을 리가 없다. 너구리와 달리 조심성이 많으므로 사람 앞에 모습을 드러내지 않은 채 조용히 살아가고 있었으리라.

대학 입시를 앞둔 고등학교 3학년 때.

나는 평소와는 다른 버스 정류장에 내려서 나라 공원으로 걸음을 내디뎠다. 어째선지 곧장 돌아가고 싶지 않았다. 답답하고 초조한 기분을 한겨울 바람으로 조금이나마 가라앉히고 싶다.

입시 스트레스나 피로도 쌓여 있었을 테고, 단순히 젊은 혈기에 하드보일드한 분위기를 내보고픈 마음도 있었으리라. 아무튼 그날 저녁, 다른 사람과 마주치고 싶지 않았던 나는 나라 공원의 잔디밭을 가로지르고 개울을 건너 숲속으로 들어갔다. 요즘은 '숲에 들어가지 마시오'라고 써놓은 팻말이 있지만 당시는 간간히 숲을 지나는 사람이 있었다.

낙엽을 밟으며 익숙한 숲속을 걷는다. 발밑에서 낙엽이 바스락바스락 소리를 냈고, 이따금 우지끈, 하고 마른 나뭇가지를 밟는 소리도 울려 퍼진다. 이러면 안 되지. 롤프는 도시에서 온 사냥꾼에게 "좀 더 발밑을 살피며 걸어라"라고 주의를 주지 않았나. 발밑을 보며 나뭇가지가 없음을 확인한 뒤에 발끝을 내려놓고, 도저히 피할 수 없을 때는 나뭇가지를 세로로 밟아서 부러지지 않게끔…….

퍼뜩 고개를 들어보니 정면에서 누군가가 걸어오는 중이었다. 20미터쯤 떨어져 있었을까. 당시는 입시 공부 때문에 시력이 몹시 떨어져 있었기에 그 정도 거리가 가장 보기 힘들었다. 아주 가깝거나 아주 멀면 그나마 잘 보인다.

아무튼 사람이 있는 건 분명하다. 희끄무레한 셔츠에 검은 바지, 손에는 검은 뭔가를 들고 있다. 체격은 나와 비슷하다.

모처럼 고독을 즐기고 있었는데 다른 사람과 마주치

고 싶지는 않다. 나는 길을 양보하고자 오른쪽으로 붙었다. 빨리 지나가라고.

그러자 상대방도 역시나 옆으로 쓱 붙으며 수풀 뒤로 숨어버렸다. 뭐랄까, 거울에 비친 모습처럼 움직이는 녀석이다. 별난 녀석이 다 있네. 냉큼 지나가면 그만인데.

그렇게 생각하며 가만히 서서 기다렸지만 상대방이 다가오지 않는다. 아니, 소리조차 나지 않는다. 기척이 모두 사라지고 말았다.

이상하다.

나는 슬쩍 왼쪽으로 나와서 상대방이 있어야 할 덤불 안쪽을 살펴보았다.

그곳에는 아무도 없었다.

그러자 문득 생각이 났다. 나는 검은 교복 외투를 벗어 손에 들고 있었다. 입고 있는 옷은 하얀 셔츠, 아랫도리는 검은 바지였다. 조금 전에 마주한 녀석과 마찬가지로.

……도플갱어?

바람이 겨울 숲속을 쌩 하니 훑고 지나가자 낙엽이 흩날렸다. 나는 몹시 석연찮은 기분으로 잽싸게 그곳을 빠져나와 급히 집으로 돌아갔다.

이 이야기에 결말은 없다. 정말로 뭐가 뭔지 모를 일이기 때문이다. 뭐, 지치기도 했고 정신 상태도 건전하지 않았으니 헛것을 보았을지도 모른다. 그래, 헛것을 봤겠지, 헛것이야.

# 또다시 뒷산에 오르다

○

대학생이 된 나는 야쿠시마섬에서의 원숭이 조사에 참가하게 되었다. 그렇다면 본격적인 입산 전에 나침반의 사용법을 연습해두는 편이 낫다. 지도가 있으며 주변이 잘 보이는 장소에서 연습해보자. 이참에 시험 삼아 길이 없는 산에도 들어가 보고. ……다카마도산, 한번 도전해 볼까?

초등학생 때 썼던 나달나달한 나라시(市) 지도를 찾아낸 다음, 얼마 전 등산용품점에서 구입한 실바사(社)의 오리엔티어링용 나침반을 주머니에 넣었다. 배낭에 물을 넣고, 혹시 모르니 비상식량도 챙겼다. 기왕 이렇게 됐으니 판초우의도 넣어두자.

이리하여 나는 "좋아, 가자!" 하고 전의를 다지며 집을 나섰다. 뒷산 입구까지는 잰걸음으로 20분도 걸리지 않는다. 그곳을 통해 산에 발을 내디뎠다. 기억과 마찬가지로 거친 샛길이다. 덤불을 헤치며 산을 오르자 등산로까지는 아니지만 일단 사람이 지나간 흔적 같은 것이 이어져 있다. 아니, 이런 게 있었다니.

흔적은 산등성이를 따라 정상까지 이어지는 모양이다. 예전에 올랐을 때도 이런 길이 있었나? 단순히 발견하지 못해서 헛고생을 한 것뿐이었을까? 아무튼 성장한 몸을 믿고 성큼성큼 그 길을 올랐다. 중간에 한 번 쉬었다 갈까 했지만 잠시 숨을 고르니 딱히 힘들다는 느낌이 들지 않는다. 좋아, 계속 가자.

그렇게 생각하자마자 대뜸 정상이 나타났다.

얼씨구?

시계를 본다. 산으로 들어온 지 30분이 지났다.

뭐야? 이 산이 이렇게나 낮았나? 집을 나온 뒤로 50분 될까 말까인데? 좀 더 오래 걸릴 것 같아서 마음 단단히 먹고 왔건만. 지치기는커녕 물조차 마시지 않았다. 물론 급하게 왔으니 살짝 땀이 배긴 했지만 그뿐이다.

　어쩐지 김이 새고 말았다. 지도를 펼쳐 나침반과 비교하며 방위각을 측정하는 연습을 해본다. 잠깐 시험해보니 대충 알겠다.

　나는 지도를 집어넣은 뒤 빠르게 산을 내려왔다. 내려가는 걸음은 훨씬 빨라서, 대략 20분 만에 하산하고 말았다.

○

그리고 지금, 군마현의 산속에서 까마귀 둥지를 찾아 산등성이를 오르고 있다. 산등성이 측면을 꾸역꾸역 올라오긴 했지만 급경사와 덤불이 엄청났다. 돌아갈 때는 그다지 지나고 싶지 않다.

"어떡할까요? 능선으로 내려갈까요?"

함께 걸어온 모리시타 씨에게 상담한다.

"반대편 측면으로 내려가면 차를 세워둔 곳과 가까운데요."

"가깝긴 하지만 그러다 죽을지도 모르는데?"

나는 산등성이에서 아래쪽을 내려다보며 말했다. 이건 비탈길 수준이 아니다. 거의 절벽이다.

"영화였으면 내려갈 수 있었을 텐데―."

"둥그런 바위가 굴러와서 '모 아니면 도다' 하고 뛰어내리는 장면 말이군요."

현실이었으면 진짜로 죽는다. 우리는 무난하게 능선을 따라 내려가기 시작했다. 덤불이 엄청난 데다 장미나 나무딸기(요컨대 가시투성이란 뜻이다)가 많았지만 몸을 움츠리면 지나갈 수 있다. 거만하게 꼿꼿한 자세로 통과하려 하면 안 된다. 짐승이 됐다 생각하고 몸을 낮게 움츠려서 지면과 수풀 사이를 빠져나간다. 이러면 제법 다닐 만하다. 다만 배낭이 걸리지 않도록 주의가 필요하다.

참억새 덤불을 밟으며 전진하고, 누가 보더라도 '아무개 씨'가 엄니로 열심히 지면을 뒤엎으며 토목공사에 힘쓴 듯한 계단 형태의 지형을 돌파하고, 빽빽하게 자란 덤불을 헤치며 "엇차!" 하고 걸음을 내디뎠다. 바로 그 순간, 덤불을 쑥 벗어나 밝은 초여름 숲길로 빠져나왔다. 좋아, 숲길로 돌아왔다. 여긴 어디쯤인가.

주변을 둘러보자 웃음이 솟아났다. 바로 저쪽에 모리

시타 씨의 차가 세워져 있다. 멧돼지의 길을 되짚어 왔더니 멋지게 출발 지점으로 돌아온 것이다.

멧돼지 씨, 편리한 길을 만들어줘서 정말 고마워요!

까마귀는 자주 보는 사람을 얼굴을 구별하고
기억할 수 있습니다.

# 야간 비행

볼복스,
집박쥐,
류큐날여우박쥐

●

아키하바라는 재미있는 거리다. 첫 방문은 도쿄대학 박물관에서 근무하게 되자마자 고장이 난 노트북의 PRAM용 배터리를 찾으러 갔을 때였던가. 그 후로도 교환용 부품이나 공구를 구하러 이따금 아키하바라를 찾았다. 모 만화에 등장하는 다채로운 표정의 문지기 로봇 피규어를 찾아 돌아다닌 적도 있다.

어느 날 해 질 무렵, 아키하바라에서 오차노미즈역 방향을 향해 간다강을 건너던 도중, 수면 위를 날아가는 형체를 발견했다. 나비라기에는 힘이 느껴졌고 새치고는 부산스럽다.

박쥐다.

어렸을 적에는 박쥐를 본 기억이 거의 없다. 정말로 없지는 않았겠지만 집 주변은 숲과 논이 많았기에 주가성(住家性. 인간의 생활과 밀접한 공간에서 서식하려는 습성-옮긴이)인 집박쥐가 적었을지도 모른다. 아니면 단순히 가로등이 없어서 어두컴컴했기 때문에 박쥐가 뻔히 있는데도 보지 못했을 수도 있다.

중학생이 되자 어둑어둑해진 뒤에 통학로인 강가를 걸어갈 일도 생겼다. 그러다 보면 밤하늘보다 새까만 박쥐의 형체를 발견할 때도 있었다. 처음으로 가까이에서 박쥐를 본 것은 고등학생 때였다.

천수각의 침입자

○

나는 고등학생 때 생물부 소속이었다. 뭐, 실내 특활
부 중에서도 약소한 편이었던 생물부는 이렇다 할 대회
나 발표회도 없으며 그저 동식물을 좋아하는 아이들이
모여 소소하게 활동하는 단출한 부였다. 한 학년 선배가
열대어를 좋아하다 보니 생물실에서는 수조를 늘어놓고
물고기를 길렀다. 물론 열대어가 아니라 대충 내버려두
더라도 죽지는 않을 듯한 피라미나 갈겨니 같은 토종 물
고기였지만. 한쪽 구석에는 당근의 조직배양에 사용하
는 클린벤치(무균조작용 상자를 부르는 말로, 조직을 배양기

에 심을 때는 잡균이 침입하지 않도록 이 상자에 시료를 넣어 작업한다)와 마쓰나미 선생님이 수업용으로 송사리를 사육하는 수조가 있었고, 그 옆에는 커다란 미생물용 비커가 있었다. 기억하기로는 볼복스 역시 이 비커에서 채취한 물방울에서 처음 봤다. 현미경으로만 볼 수 있는 미생물인 볼복스는 백 개에서 수백 개의 세포가 연결되어 구체를 이루고 있다. 각각의 세포는 모두 같은 형태처럼 보이지만 저마다 맡은 일이 따로 있기에 뿔뿔이 흩어지면 살아갈 수 없다고 한다. 그렇다면 단순한 '단세포생물의 집합'이라기보다는 다세포생물에 가깝다.

좁쌀공말이라고도 불리는 이 볼복스는 그물코처럼 생긴 녹색 구체가 주변의 섬모를 움직여서 마구잡이로 회전하는 불가사의한 생물이었다. 오른쪽으로 회전하나 싶으면 왼쪽으로 방향을 바꾸고, 그러고는 또다시 비스듬하게 회전한다. 아무래도 모두가 뜻을 하나로 모아 "하나, 둘, 셋" 하고 움직이는 건 아닌 모양이다. 하지만 현미경의 투과광으로 본 볼복스는 무척 아름다웠다.

아무튼 그런 생물과 함께했던, 여름방학을 앞둔 어느 비 오는 날 방과 후에 벌어진 일이었다. 바람 한 점 없이 푹푹 찌는 무더운 날이었던 기억이 난다.

느닷없이 테니스부 친구가 뛰어들었다. 같은 반 친구였다. 고등학생 때 팔씨름으로 이기지 못한 유일한 상대이기도 하다(야구부 주장과는 비겼다). 그 친구는 냅다 들어오자마자 "마쓰바라, 미안한데 잠깐만 와주라"라고 말했다.

"무슨 일인데?"

"뭔가 이상한 게 날아들었어."

"어디로?"

"천수각 계단 천장."

천수각이란 학교 건물 옥상에 돌출된 부분의 통칭이다. 옥상으로 나가는 문이 있지만 평소에는 잠겨 있다. 그냥 '계단'이라고 부르지 않는 이유는 어째서인지 그곳에 있었던 지구과학 준비실이 마치 옥상에 툭 튀어나온 펜트하우스 같았기 때문이다. 학교 옥상에 창문이 달린 창고가 얹힌 모습은 확실히 천수각처럼 보이기도 한다.

아무튼 천수각까지 올라가면 4층, 학교에서 가장 긴 계단이 되므로 운동부가 기초 훈련에 사용하기도 했다. 비 때문에 실내에서 연습을 하던 테니스부 부원들도 이 계단을 이용했던 모양이다. 그런데 그곳에 의문의 생물체가 표류해왔다는 말이다.

계단을 뛰어서 올라가 보니 운동복을 입은 몇 명이 천장을 올려다보고 있었다.

"훈련을 하고 있는데 저게 들어와서 날아다니잖아. 불쌍하니까 밖에다 풀어주면 안 될까?"

친구가 천장을 가리켰다. 흐음…… 역시나.

천장에 작고 검은 것이 매달려 있다. 예상한 대로 박쥐였다. 벌레가 주식인 소형 박쥐는 야행성이지만 곧 있으면 해가 질 시각이었던 데다 비 때문에 날이 어두웠으므로 날아다니기 시작한 것이리라. 그러다 우연찮게 열려 있던 창문을 통해 학교 안으로 들어오고 말았다는 뜻이로군. 친구의 말마따나 밖에 풀어주면 만사가 해결된다. 허나 박쥐는 아무런 해가 없는 동물이지만 흡혈귀라는 이미지가 있는 데다 비행 실력도 탁월하다. 어떻게 대처하면 좋을지 몰랐던 것도 당연하다.

무심코 쳐서 떨어뜨리지 않았던 건 박쥐에게 분명 행운이었으리라. 박쥐는 무척 여리고 약한 동물이다. 하타 마사노리(畑正憲. 일본의 작가이자 동물연구가-옮긴이)의 책에 따르면 모자로 털어냈을 뿐인데 죽은 경우도 있다 하고, 경량화의 영향인지 목 주변의 근육이 몹시 얇아서 다른 소형 동물들처럼 목을 잡고 들었다간 경동맥이 눌려 위험하다고도 한다.

그렇다면 잡는 방법이 문제다. 이곳에는 창문이 없으니 창문으로 몰아서 내보낼 수는 없다. 역시 일단은 포획할 수밖에. 하지만 이런 상황에서는 잠자리채를 쓰지 못한다. 상대방은 천장에 딱 붙어 있다. 그렇다고 옆에서 얍, 하고 그물망을 휘두를 수도 없다. 맞았다간 죽을지도 모른다. 그렇다면…….

손으로 잡아야 하나?

다행히 박쥐가 매달린 곳은 계단 난간 바로 위쪽이었다. 천장은 제법 높지만 난간에 올라가면 어찌어찌 손이 닿지 않을까? 난간은 두께가 20센티미터 정도 되는 흙벽 위에 설치되어 있으니 흙벽 위에 올라서지 못하리란 법도 없다.

"어떡하지?"

"여기로 올라가서 손을 쭉 뻗을 테니까 다리 좀 잡아줄래?"

"진짜 하려고?"

"지금은 자는 모양이니까 아마 잡을 수 있을 거야."

"좋아, 알았어."

나는 흙벽으로 올라가 난간을 잡고 조심스럽게 일어

났다. 곧장 친구가 다리를 잡아주었다.

애써 고개를 든 채 엿차, 하고 몸을 일으키며 등줄기를 곧게 폈다. 역시, 생각보다 천장이 가깝다. 게다가 운 좋게도 정확히 박쥐 바로 밑이었다. 박쥐는 날개로 몸을 감싸고 있다. 정말이지 망토에 감싸인 흡혈귀의 모습과 똑같았다. 얼굴은 잘 보이지 않는다. 박쥐는 눈이 작아서 눈을 떴는지 감았는지 알아보기 어렵다(크기만 작을 뿐이지 보이기는 잘 보인다). 그렇다면 상대방이 어떻게 나올지 예측할 수 없다.

하지만 지쳤는지 박쥐는 꿈쩍도 하지 않는다. 좋아, 할 수 있겠어.

가만히 팔을 뻗어서 박쥐를 감싸듯이 두 손을 가져간다. 되도록 가까이에서 조심스럽게, 하지만 도망치지는 못하도록 잽싸게.

"얍" 하는 기합과 함께 손을 뻗어 두 손으로 박쥐를 감쌌다. 해냈다! 그리고 조심스레 박쥐를 손으로 잡았다. 박쥐는 손 안에서 버둥거리고 있다. 좋아, 이제 됐어. 이대로 부실로 가져갔다가 비가 그치면 밖으로 풀어주자.

박쥐를 세게 움켜쥐지 않도록 주의하며 흙벽에서 바닥으로 뛰어내렸다. 테니스부원들의 갈채가 쏟아졌다.

이렇게 영광스러운 경험은 실내 특활부에서는 극히 드
문 일이다. 그렇게 생각한 순간, 박쥐가 내 손가락을 꽉
깨물었다.

박쥐,
여고생과 만나다

아, 아얏. 꽤 아프다, 손 사이로 들여다보니 입을 쩍 벌려서 검지를 깨물고 있었다. 작지만 뾰족한 이빨 여러 개가 단단히 파고들었다. 피가 날 정도는 아니지만 톱니바퀴에 끼인 것처럼 아프다. 뭐, 자고 있는데 누가 갑자기 움켜잡는다면 깨물 만도 하지.

"왜 그래? 발목이라도 삐었어?"

"아니, 박쥐가 깨물었어."

"뭐?"

테니스부 부원들에게 "괜찮아, 괜찮아" 하고 고개를

끄덕이며 나머지는 이쪽에서 맡겠다고 한 뒤 부실로 돌아왔다. 그동안 박쥐는 턱에서 힘을 빼지 않았다. 천수각에서 내려와 신발장이 늘어선 현관 앞을 지나서 다용도실 앞쪽 계단을 뚜벅뚜벅 올라간 다음, 왼쪽 복도로 꺾어서 생물실험실에 도착할 때까지 박쥐는 줄곧 내 손가락을 물고 있었다.

실험실에 있는 커다란 책상 한복판에서 박쥐를 쥔 손을 가만히 벌렸다. 박쥐는 깨물고 있던 손가락을 놓더니 책상 위로 천천히 내려왔다. 손가락에는 이빨 자국이 반달 모양으로 점점이 찍혀 있었다. 다행히 피는 나지 않았다. 흠, 놓아주자 곧바로 입을 벌리는 걸 보니 꽤나 정직한 동물이로군. 하지만 박쥐는 광견병을 옮긴 사례가 있으니 물리지 않는 편이 무난하다. 일본에서 광견병은 근절되었지만 굳이 위험한 상대에게 깨물릴 필요는 없다. 다만 이렇게 손으로라도 잡지 않는 한 박쥐가 인간을 깨물 일은 없다. 피를 빠는 박쥐는 전 세계에 3종뿐이며 그나마도 중남미에만 서식한다.

책상 위에 올려놓은 데에는 이유가 있다. 이 또한 하타 마사노리의 책에서 읽은 기억이 있는데, 박쥐는 평평한 장소에서는 제대로, 아니, 거의 날지 못한다. 확실히

길을 잃은 집박쥐

새와는 달리 다리로 곧게 서지 못하니 지상에서 날갯짓
을 한들 날개로 지면을 내리치며 버둥거리게 될 뿐이리
라. 박쥐의 신체 구조를 고려하면 거꾸로 매달린 자세에
서 낙하와 동시에 날개를 펼쳐 비행으로 이행하는 편이
더 합리적이다.

　박쥐는 부산스럽게 이리저리 몸을 비튼다. 아마도 어
두워야 마음도 안정될 것이다. 작은 틈새에 부대끼듯 모
여 살기도 했을 테니 좁은 곳도 좋아하리라. 나는 공책
을 구부려서 만든 지붕을 박쥐 앞에 놓아두었다. 박쥐는
날개와 다리로 질질 기어서 이동하더니 지붕 밑으로 숨

고 나서야 안정을 되찾았다. 좋아, 일단은 비가 그치기를 기다리자.

자세히 보니 박쥐의 얼굴은 의외로 귀여웠다. 무슨 박쥐일까? 날고 있을 때도 고작해야 작은 새 정도 크기인데 실제로 보니 정말로 작다. 날개를 접으면 햄스터보다도 작을 정도다. 듬성듬성 자란 털 때문에 앙상해 보인다는 점 또한 이유이리라. 날기 위해 꽤나 고생하는 것처럼 보이기도 한다.

또한 이렇게 책상에 엎드린 모습을 보면 새삼 '네발짐 승이 맞긴 하구나'라는 생각이 든다. 날개를 접으면 확실히 앞발처럼 보인다. 팔꿈치가 있고 아래팔이 있으며 발가락이 있다. 뭘 어떻게 하면 앞발이 저런 형태로 진화할 수 있는지 도통 알기 힘든 구조인 새와는 다르다. 박쥐의 날개를 지탱하는 것은 길게 늘어난 발가락뼈이며 날개의 표면은 발가락 사이에 쳐진 피막이다. 말하자면 거대한 물갈퀴인 셈이다. 지금 그 피막은 아래팔과 평행하여 뒤로 접혀 있다.

조금 전에 물린 느낌대로라면 쭉 찢어진 입에는 뾰족한 이가 줄줄이 박혀 있을 듯하다. 공중에서 곤충을 붙잡아 대충 씹어 삼키는 데에는 그 정도면 충분하다는 걸까. 눈은 정말로 작다. 하지만 소형 동물답게 눈동자가 동그랗다. 귀는 몸집에 비해 큰 편이며 얄팍하다.

보고 있자니 어쩐지 박쥐도 귀엽게 느껴지기 시작했다.

그렇게 박쥐를 귀여워해 주고 있으려니 3학년 선배가 나타났다. 안경을 썼고 살짝 아라레(만화 〈닥터 슬럼프〉의 주인공으로, 커다란 눈에 뿔테 안경을 쓴 개구쟁이 소녀 로봇-옮긴이)를 닮은 선배다.

"하지메, 그거 뭐야."

"갑자기 무슨 박쥐가 들어왔대서 방금 잡아왔어요."

"와! 박쥐! 어디, 어디 있는데."

선배는 책상으로 달려들더니 박쥐를 들여다보고는 지붕을 획 걷어냈다.

그러자 박쥐가 네 발로 엎드린 채 후다닥 달려갔다. 비유가 아니라 정말 '달리는' 속도로 책상 위를 미끄러지듯이 사사삭 움직인 것이다. 그대로 책상 끄트머리에서 폴짝 몸을 던지며 다이빙한다. 순식간에 날개를 편 박쥐는 불과 80센티미터의 높이를 낙하하는 사이에 느려터진 정체불명의 동물에서 자유자재로 하늘을 나는 존재로 탈바꿈했다.

날개를 퍼덕여서 급히 날아오른 박쥐는 생물실험실

안을 빙글빙글 맴돈다. 여고생의 얼굴을 보자마자 사력을 다해 도망치다니, 살짝 너무하다 싶긴 하지만 느닷없이 붙잡지를 않나, 간신히 안정을 되찾았나 했건만 은신처를 허물어버리더니 거대한 얼굴을 들이밀지를 않나, 놀랄 만도 하지.

그건 그렇고, 다시금 날아다니기 시작한 박쥐를 어떡하면 좋을까. 또다시 붙잡기란 어렵다. 그렇다면 창문을 활짝 열어 알아서 나가주기를 기다릴 수밖에 없다.

나와 선배는 분담해서 생물실험실의 양쪽 창문을 모조리 활짝 열었다. 복도로 나가지 못하게끔 문은 닫아두었다.

생물실험실 천장 부근에는 축제 때 암막을 드리울 용도로 사방에 굵은 철사를 쳐놓았지만 박쥐는 초음파를 이용한 에코로케이션으로 장애물을 감지할 수 있다고 알려져 있다. 몇 미터 앞에서 비행하는 곤충도 잡을 수 있으며 암실에 쳐놓은 철사를 피해 날 수도 있다고 한다.

"저거, 부딪히지는 않을까."

"괜찮을걸요."

선배가 박쥐를 걱정하기에 나는 이때다 싶어 책으로 배운 지식을 선보였다.

바로 그때, 팅! 하고 가벼운 소리가 들렸다. 박쥐는 천장 근처에서 급히 방향을 바꾸었고, 또다시 팅! 하는 소리와 함께 공중에서 순간적으로 휘청거렸다.

"부딪혔는데?"

"……."

당황했거나 철사를 감지하지 못한 듯하다. 뭐, 들보나 환풍구, 형광등 같은 장애물도 많은 데다 천장과 철사의 간격은 채 10센티미터도 되지 않으니 식별하지 못한 것도 어찌 보면 당연한 일이다. 아무리 레이더라 해도 지표면에서 반사된 전파에 숨어서 낮게 비행하는 항공기를 찾기는 어렵다고 하니까.

박쥐는 적당히 고도를 낮추고는 창문으로 향했다. '좋았어!'라고 생각한 순간, 급히 방향을 틀어서 돌아왔다. 다음 창문으로 향하지만 또다시 방향을 돌린다. 이유가 뭘까.

그래, 창문 바로 바깥쪽에 있는 나무 때문일지도 모른다. 창문을 빠져나오자마자 바로 상승하거나 오른쪽으로 피하면 탈출이 가능한데, 박쥐의 감각으로는 '이쪽 방향에 앞을 가로막는 장애물이 있다'는 사실밖에 알 수 없는 거구나. 박쥐가 에코로케이션(echolocation)으로 살필 수 있는 부분은 초음파 빔이 발사되는 범위뿐이다. 말하자면 손전등에 비춰진 좁은 범위만 보일 뿐, 전체적인 모습은 파악하지 못하는 것이 분명하다. 하지만 계속해서 날아다니다 보면 괜찮은 각도에서 초음파를 발사할 수 있지 않을까? 초음파가 되돌아오지 않는 각도를 찾아낸다면 그곳이 뻥 뚫려 있음을 알게 될 터. 게다가 박쥐라 해도 시각이 아예 없지는 않다. 특히 땅거미가 내릴 무렵에는 오히려 눈에 더 의존할 것이다.

박쥐는 방 안을 빙글빙글 맴돌고 있다. 이 방의 모습을 파악하려는 중일지도 모른다.

선배와 둘이서 "좋아, 가라!", "아이고, 또 실패야" 하고 응원하는 사이에 박쥐는 마침내 창문을 벗어나 비가 그치기 시작한 해 질 녘 하늘로 날아갔다.

# 박쥐는 야간 전투기

○

박쥐는 신기한 동물이다. 포유류 중에서, 아니, 척추동물 중에서 자신의 힘으로 하늘을 나는 동물은 조류와 더불어 박쥐뿐이다. 공중에서 먹이를 붙잡는 무모한 짓을 감행하는 동물도 고작해야 새와 박쥐밖에 없다. 날뱀, 날도마뱀, 날다람쥐, 하늘다람쥐, 날원숭이 모두 적에게서 도망칠 때나 나무에서 나무로 이동할 때에만 활강을 한다.

박쥐라 하면 쓸데없이 날개를 퍼덕이는 비효율적인 비행체처럼 보일지 모르나, 보기와 달리 운동 능력은 매우 뛰어나다. 섬세한 움직임은 새 못지않으며, 짧은 몸길이를 살린 곡예 같은 몸놀림은 오히려 새를 웃돌 정도다. 새와 경쟁하지 않도록 야간 비행에 특화되는 방향으로 진화한 동물이 바로 박쥐다. 밤하늘을 날며 곤충을 사냥하는 재주만 따지자면 박쥐는 새보다도 월등히 뛰어나다. 불독박쥐나 큰발웃수염박쥐처럼 곤충뿐 아니라 수면 바로 밑을 헤엄치는 물고기를 탐지해 물 위를 스치듯이 비행하며 사냥을 하는 박쥐도 있다. 뭐, 포식자가 없는 섬에서는 박쥐도 비행 따위 집어치우고 저 불편해 보이는 몸으로 지상을 걸어 다니며 곤충을 잡아먹기도 한다지만.

박쥐는 인간에게 들리는 소리도 내지만(끼익끼익, 하는 소리가 들릴 때가 있다) 캄캄한 밤에 먹이를 찾기 위해 초음파를 쏘는 것으로 더 유명하다. 돌고래 같은 동물과 마찬가지로 에코로케이션이라고 불린다. 또한 낮에 활동하는 큰박쥐류는 초음파를 쏘지 않고 시각이나 후각으로 과일을 찾아서 먹는다. 그리고 엄밀히 말하자면 박쥐의 초음파에도 몇 가지 종류가 있으며, 생활환경에 따라서도 차이가 난다.

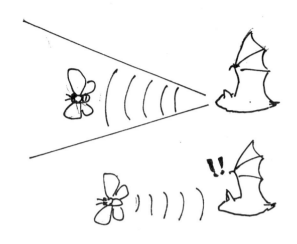

초음파를 발사해 나방을 찾아내는 박쥐

　박쥐가 초음파를 쏘면 소리는 전방을 향해 날아간다. 전방이 단순히 텅 빈 공간이라면 소리는 그대로 사라지고 말지만 뭔가가 공중에 있었을 때는 물체에 부딪힌 음파가 도로 튕겨 나온다. 그 소리를 듣고 상대방의 존재를 알아내는 능력이 바로 에코로케이션이다. 인간이 발명한 레이더와 비슷한 원리다(레이더는 전파를 이용하지만). 혹은 캄캄한 밤에 손전등을 비추는 격이라고도 볼 수 있다. 이때는 음파가 아닌 빛이지만 '뭔가를 맞고 튕겨 나온 빛만 보인다'는 원리에서 보자면 역시나 마찬가지다.

하지만 알고 보면 에코로케이션은 굉장한 능력이다. 우선 지향성이 높은 초음파를 만들어내 효율적으로 발사해야 한다. 박쥐가 내는 소리의 음압은 꽤나 높다. 다시 말해 인간에게는 들리지 않지만 덩치에 걸맞지 않게 큰 소리를 낸다는 뜻이다. 대학생 시절, 동물행동학자인 히다카 도시타카 선생님이 강의 때 해주신 말씀에 따르면 미국의 동굴에서 박쥐 무리와 마주칠 때마다 귓속에서 찡, 하는 충격을 느꼈다고 한다. 참고로 그 큰 소리를 가장 가까운 곳에서 듣는 대상은 소리를 내는 박쥐 자신이지만 그들은 자신의 귀를 지킬 능력도 빠짐없이 갖추고 있다. 이를테면 초음파를 쏘는 순간에는 청각의 감도를 순간적으로 낮추는 방법이 있다. 박쥐의 소리는 간헐적인 진동이지 끊임없이 이어지는 울음소리가 아니다.

초음파를 발사했다면 다음으로는 튕겨져 나온 소리를 정확하게 포착해야 한다. 소리의 각도를 정확히 측정하지 못하면 상대방이 어느 쪽에 있는지 알 수 없다. 게다가 소리를 발신한 뒤 되돌아오기까지의 시간을 측정하지 못하면 상대방까지의 거리를 파악할 수 없다. 박쥐의 커다란 귀는 장식용이 아니라 이러한 '안테나' 기능을 수행하도록 만들어져 있다.

박쥐의 귀에 탑재된 능력은 이뿐만이 아니다. 반사된 소리의 세기를 통해 상대방의 크기까지 판단한다. 도플러 편이(Doppler shift)를 이용해 상대방이 멀어져가는 중인지, 다가오고 있는지도 알 수 있다(멀어져가는 상대로부터 돌아오는 반사파는 주파수가 늘어나고 다가오는 상대로부터의 반사파는 주파수가 좁아지는데, 구급차가 지나간 순간에 사이렌 소리가 낮아지는 현상과 마찬가지다). 또한 날갯짓하는 곤충에 명중한 초음파는 날개의 움직임에 따라 반사음의 주파수에 진동이 발생한다. 가능한 한 효율적으로 먹이를 사냥하려면 상대방의 정체나 크기, 움직임을 파악하는 것이 무엇보다 중요하다.

또한 처음에는 비교적 지속 시간이 긴 진동음으로 주변을 탐색한 뒤, 상대방과의 거리가 가까워짐에 따라 짧은 소리를 높은 빈도로 발사해 정확하게 포착하는 능력도 있다. 박쥐의 목소리와 귀는 거의 전투기 레이더와 동등한 기능을 갖춘 셈이다.

그 결과, 박쥐는 어둠 속에서도 몇 미터 이내에 있는 벌레를 탐지해 추격할 수 있다. 박쥐의 몸길이가 고작 10센티미터라는 점을 고려하면 인간에게는 50미터 정도의 범위에 해당하지 않을까. 우리가 손전등을 들고 걸을 때보다 주변이 훨씬 더 잘 '보이는' 셈이다. 박쥐는 눈앞의 반사에 반응할 뿐 아니라 주변을 탐색해서 여러 마리의 벌레가 각자 어디에 있는지를 파악하여 효율적으로 사냥할 수 있게끔 비행한다고도 알려져 있다.

물론 곤충도 잠자코 당하고만 있지는 않는다. 현대의 군용기나 군함에는 스텔스라 불리는 기술이 탑재되어 있다. 일반적으로 대(對) 레이더 스텔스, 다시 말해 레이더에 잘 포착되지 않게 하는 기술을 가리킨다. 전파를 흡수하는 소재를 사용해 레이더의 전파를 흡수하거나, 반대로 전파를 통과시키거나 명중한 전파를 비스듬히 튕겨내 안테나로 돌아가지 못하게끔 하는 등 다양한 방법이 있다.

딱정벌레 중에는 몸이 벨벳 같은 털로 뒤덮여 있는 종류가 있다. 여기에는 다양한 이유를 생각해볼 수 있는데, 그중 하나가 바로 박쥐에 맞서기 위한 스텔스 장치라는 가설이다. 명중한 초음파를 부드러운 털로 받아내서 튕겨나가지 못하게끔 막는 것이다. 되돌아온 소리가 박쥐가 포착할 수 없을 정도로 작은 반사음뿐이라면 박쥐에게는 '보이지 않는' 셈이다. 설령 탐지했다 하더라도 '이렇게나 작은 반사음이면 사냥할 가치도 없는 작은

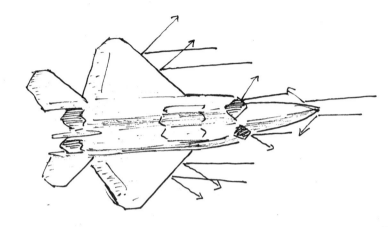

전파를 비스듬히 반사하는 스텔스 전투기, F-22

벌레다'라고 잘못된 판단을 내릴지도 모른다. 이는 군용 스텔스와 그야말로 똑같은 역할이다.

그렇다면 탐지당한 곤충은 그대로 끝장일까? 그렇지도 않다. 군용기라면 상대방의 공격을 감지하자마자 회피 행동을 취한다. 그러기 위해 보통은 적의 레이더 전파를 역탐지하는 안테나와 경계 시스템을 탑재하고 있다. 이들은 레이더 자체보다 훨씬 단순하고 저렴하며 작은 시스템이므로 레이더를 실을 수 없는 값싼 구식 비행기에도 탑재할 수 있다.

곤충도 마찬가지다. 나방 중에는 초음파를 '듣는' 능

력이 있는 종류가 많은데, 이 능력은 박쥐를 조기에 발견하고 경계하기 위한 장치로 보인다. 실제로 초음파를 탐지하자마자 움직임을 멈추거나 급강하하여 박쥐의 시야에서 벗어나는 나방이 알려져 있기 때문이다. 불나방 중에는 자신이 먼저 소리를 내 박쥐의 에코로케이션을 방해하는 종류도 있다. 구체적으로 어떤 방해를 받는지는 아직 밝혀지지 않은 듯하나, 아마도 가짜 반사음을 중첩시켜서 목표가 둘로 보이게 하거나 반사음이 돌아오는 시간을 측정하지 못하게 해서 거리감을 잃게 하는 방식일 것이라고 한다. 이쯤 되면 적의 레이더와 속고 속이는 전자전(電子戰)을 펼치는 전투기가 따로 없다.

○

박쥐는 싫어하는 사람도 많다. 언뜻 봐서는 생김새를 알아보기 힘들다는 점, 좁은 틈새에 옹기종기 모여 있다는 점, 얼굴이 약간 징그럽다는 점, 그리고 짐승 주제에 하늘을 날고, 새 같지만 '배신자'처럼 밤에 돌아다닌다는 점 등이 기피하는 이유 아닐까.

나 역시 박쥐를 보고 흠칫 놀랐던 적이 두 번 정도 있다. 다만 야행성인 소형 박쥐가 아니라 큰 박쥐였다.

첫 번째는 고등학생 때, 어느 열대어 전문점에서 벌어진 일이다. 푹푹 찌는 가게 안에서 수조를 둘러보다 쓱 고개를 들자 선반 위에 새장이 놓여 있었다. '이게 뭐지?' 싶어 발판을 밟고 들여다보니 검은 종이를 말아놓은 듯한, 뭔가 희한한 것이 매달려 있었다. 아래쪽까지 전부 보이지는 않지만 크기는 30센티미터쯤 되려나?

발돋움을 하자 제대로 보였다. 바로 그때, 녀석이 스르륵 '종이'를 펼쳤다. 종이가 아니다, 이건 피막, 박쥐의 날개다. 새장 천장에 매달려 있던 큰 박쥐가 밑에서 올려다보던 나의 눈앞에 얼굴을 드러냈다. 짐승 특유의 코끝 뒤로 안경원숭이처럼 동그란 갈색 눈이 나를 빤히 바라보고 있었다. 그야말로 몸에 두르고 있던 망토를 펼친 드라큘라였다. 솔직히 말하자면 발판에서 굴러떨어질 뻔했다.

다음으로 놀란 것은 박물관에서 일하게 된 후, 이시가키섬으로 까마귀 조사를 나갔을 때였다. 아침 첫 쾌속선을 타기 위해 이시가키 항구를 향해서 새벽녘의 시가지를 걷던 나는 전선에서 뭔가 검은 물체를 발견했다. 음, 이건 큰부리까마귀인가? 까마귀라기에는 전선에 매달려 있는 것처럼 보이기도 하는데.

쌍안경을 들어 올린 바로 그 순간, 시야 안에서 검은 날개가 펄럭, 하고 펼쳐지더니 전선에서 쉬고 있던 류큐

날여우박쥐가 주택가 위를 날아갔다.

……깜빡했다. 오키나와에는 이 녀석이 살고 있었지.

한편 중국에서 박쥐는 행운의 상징으로 여겨진다. 박쥐를 한자로 쓰면 '蝙蝠'인데, 중국어로는 '비엔푸'라고 발음한다. 이 발음이 '복이 굴러온다'는 뜻의 편복(偏福)과 비슷하기 때문에 '행운'의 상징으로 받아들여진 것이다.


아키하바라, 쇼헤이 다리 위에서 올려다본 밤하늘을 집박쥐가 너풀거리며 날아간다. 인간의 시선 따위가 무슨 상관이랴. 박쥐는 도쿄 상공에서 인간에게는 들리지 않는 공방전을 펼치는 최첨단 전투기다.

## 나름 로맨틱

까마귀 수컷은 알을 품고 있는 암컷을 위해
둥지까지 들어가 직접 먹이를 줍니다.

# 태풍이
# 몰아치는
# 밤

도마뱀붙이,
긴꼬리산누에나방

○

인터넷 뉴스에 태풍 정보가 올라왔다. 링크를 타고 들어가 기상도와 위성사진을 확인했다. 태평양을 북상하며 도쿄를 스칠 듯하다. 일찍 돌아가는 편이 낫겠다. 신발만큼은 비가 오더라도 상관없는 녀석을 신고 왔다.

요즘 태풍은 너무 강하다고들 매번 말하지만 이건 "하여튼 요즘 젊은 것들이란"과 똑같은 말이다(천년 전부터 들어온 말이다). 어린 시절을 돌이켜보면 태풍은 훨씬 무시무시한 존재였다. 정전이 되기도 했고, 창문이 날아갈 정도로 거칠게 몰아치기도 했다. 실제로 창문이 깨졌다

느니 기왓장이 날아갔다느니 하는 이야기를 주변에서도
들은 적이 있었다.


"조금 위험하겠는걸."

아버지가 그렇게 중얼거렸다면 정말로 위험할 때가
있다. 물론 그렇지 않을 때도 있다. 하지만 무척 신중하
고 박학다식하다 보니 맞든 틀리든 아버지의 이런 발언
은 들어두는 편이 낫다. 부엌에 있던 어머니가 고개를
돌렸다.

"덧문은 닫아놓는 게 나을까요?"

"그리 서두를 필요 없어요. 밥이나 먹고 나서 하지."

"그럴까, 그럼 밥부터 먹을까요."

겁을 주는 것치고 아버지는 매사에 서두르는 법이 없
다. 당황하지 않고, 허둥대지 않고, 아슬아슬할 때까지
기다리다 마지막에 척 해치우는 모습이 멋지다고 믿는
구석이 있다. 참고로 그렇게 타이밍이 정확히 들어맞을
때는 거의 없다. 보통은 너무 이르거나 너무 늦는다. 그
때마다 살짝 이맛살을 찌푸린다.

어머니는 찬장에서 양초를 꺼낸다. 나는 신이 나서 전
등을 주르륵 늘어놓았다. 뚱뚱한 건전지를 여섯 개나 삼

키는 커다란 녀석이 하나, 오래된 '회중전등'이 하나. 건전지를 꺼내서 점검해본 다음 스위치를 켜서 불이 들어오는지 확인한다.

부모님은 물에 대해 이야기를 나누는 중이다.

"물도 받아두는 편이 나을까요?"

"뭐, 그렇게까지 할 필요는 없지 않을까."

"하지만 물이 끊기면 큰일이잖아요. 화장실은 어쩌려고요."

"그럼 어디 받아두지 뭐. 너무 호들갑 떨 것 없어요."

잘 기억은 안 나지만 생각해보면 단수가 된 적도 있었을지 모른다. 아무튼 태풍이 한번 들이닥쳤다 하면 하나부터 열까지 몽땅 끊어지고는 했다. 아주 예전에 전기가 나갔을 때, 꽉 닫아 잠근 푹푹 찌는 방 안에서 촛불을 켰던 기억이 난다. 에어컨 같은 물건은 없었다. 다른 집에는 있었을지도 모르지만 우리 식구는 하나같이 냉난방을 꺼렸기에 설치하자는 생각조차 없었다. 저녁밥은 아마 깡통에 든 카레였을 것이다. 가스는 쓸 수 있었으니 가스레인지로 데워서 먹었으리라. 밥은 밥솥에 남아 있던 찬밥이었다. 전자레인지도 없었고, 있었다 한들 정전이었으니 쓸 수 없다. 카레 통조림만으로는 부실하다고 생각했는지 어머니가 소시지 통조림을 꺼내 소시지 카레로 만들어주었다.

맞아, 소시지 통조림! 살짝 묘한 냄새가 풍기는 소시지를 숭덩숭덩 잘라 짭짤한 물에 담가놓은 것이다. 원터치 고리가 아닌지라 깡통에 직접 꽂는 깡통 따개로 끽, 깍, 끽, 깍, 하고 뚜껑을 따보면 하얀 절단면을 드러낸 소시지가 그득했다. 이 소시지를 카레에 넣어서 먹는다. 썩 맛있지는 않았지만 비상사태라는 느낌은 물씬 풍겼다.

내일까지 큰비가 계속 내려서 학교가 쉬면 좋을 텐데. 태풍이 내일 아침 6시부터 7시 사이에 접근하기를 빌어야지. 너무 빨리 지나가는 바람에 오후부터 나가야 하는 것도 싫고, 너무 늦게 지나가서 빗속을 뚫고 학교에 가는 것도 싫다고.

"이거, 써볼까?"

아버지가 웃으며 미니어처 랜턴을 들고 왔다. '산의 추억'이라고 쓰여 있는 손바닥만 한 랜턴이었다. 작지만 구조는 실제 랜턴과 동일했다. 언젠가 아버지가 등산을

갔다가 선물로 사온 물건이었다.

"그거, 켜져요?"

"아무렴. 과학 실험을 할 때 알코올램프를 쓰잖니? 그
거하고 똑같아."

아버지는 그렇게 말하며 유리 덮개를 벗겨내고 심지
를 뽑더니 손난로용 찬장에서 꺼내온 벤진(연료)을 조심
스레 랜턴에 따랐다.

"예전에는 집에서도 흔히 썼어. 이 유리 덮개에 검댕

이 끼면 새까맣게 변하거든. 애들은 그걸 닦는 게 일이어서 나한테도 자주 시켰지. 정말 싫었는데."

"그랬어요?"

"진짜 랜턴은 크니까 어린애 손이라면 안쪽까지 들어가지 않겠냐? 하지만 여기 휘어진 부분이 잘 안 닦인다는 말이지."

그렇게 말하며 심지의 길이를 조정하더니 100엔짜리 라이터로 불을 붙였다. 랜턴에 팟, 하고 불이 켜졌다.

"뭐, 필요 없겠지만 전기가 나가거든 써볼까. 기분이나 내는 정도겠지만."

○

먼지와 거미집투성이인 덧문을 두껍닫이에서 끄집어
내 드르륵, 하는 소리를 내며 닫았다. 농발거미나 도마
뱀붙이가 틈새에 숨어 있으니 조심해야 한다. 숨어 있는
건 전혀 상관이 없지만 깔리기라도 했다간 불쌍하다.

"아, 도마뱀붙이다."

덧문 안쪽에 달라붙어 있다 느닷없이 밝은 곳으로 끌
려 나온 도마뱀붙이가 당황해 훌쩍 뛰어내렸다. 융단 위
로 착지하더니 후다닥 도망가려 한다. 하지만 다급해 보
이는 것치고는 손으로 충분히 잡을 만한 속도다.

도마뱀붙이의 발가락은 나뭇잎처럼 평평해 유리판에도 달라붙어 움직일 수 있다. 발가락에 있는 주름 같은 구조는 흡반이 아니라 스패튤러(spatula)라는 것이다. 스패튤러에 자라나 있는 섬모가 흡착력을 만들어낸다……는 사실까지는 내가 어린 시절 읽었던 도감에도 실린 내용으로, 현재의 지식을 보태자면 도마뱀붙이는 섬모 끝부분과 유리 사이에서 작용하는 판데르발스 힘(분자와 분자가 서로를 잡아당기는 힘)을 이용해 달라붙는다. 벽면에 붙어 다니는 도마뱀붙이를 지탱하는 힘은 분자 규모의 미세한 힘인 것이다. 이렇게 말해본들 무슨 말인지 도통 와 닿지 않겠지만 그건 나 역시 마찬가지다. 인간

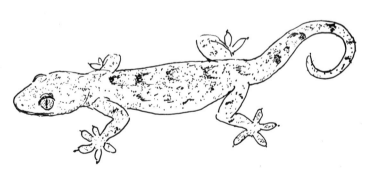

덧문에 달라붙어 있던 도마뱀붙이
[별명: 수궁(守宮)]

으로서는 도저히 실감할 수 없는 작디작은 세계의 이야기다.

동물 전체를 기준으로 생각해보면 인간은 제법 크다. 몸무게가 수십 킬로그램이나 되는 동물은 그리 많지 않다. 아마도 동물계에서는 판데르발스 힘으로 달라붙을 수 있는 세계가 더 보편적이리라.

도마뱀붙이는 수직으로도 움직일 수 있는 대신 지면을 박차며 달리는 재주가 젬병이다. 한 발짝 내디딜 때마다 발가락이 찐득찐득 들러붙는지, 몸을 요란하게 뒤틀며 정신 사납게 다리를 팔딱팔딱 움직이건만 좀처럼 앞으로 나아가지 못한다.

위에서 손으로 눌러 도마뱀붙이를 붙잡는다. 미지근하고 살가죽이 얄팍하며 바슬바슬하다. 뱀의 딱딱한 비늘이나 도마뱀의 매끈매끈한 표면과 달리 실수로 힘을 주었다간 으깨지고 말 듯한 몸이다. 붙잡자 입을 벌리며 위협한다. 손가락을 내밀면 발끈해서 물고 늘어질 때도 있지만 전혀 아프지 않다. 하지만 손가락이 뭔가에 살짝 긁히는 듯한 느낌이 드는 것을 보면 미세한 이빨이 있으리라. 도마뱀붙이의 동그란 호박색 눈은 언제 보아도 신비하다. 세로로 긴 눈동자는 고양이와는 달리 동그라미세 개를 이어놓은 것처럼 생겼다.

아무튼 지금은 물러가 주시지. 유리문을 열어서 세찬 바람이 불기 시작한 집 밖에 도마뱀붙이를 풀어놓는다. 도마뱀붙이는 벽에 딱 붙어서 찌덕찌덕 걸어가더니 두 껍닫이 밑으로 숨어들었다.

여름철이면 온갖 곤충과 도마뱀붙이가 창가에 몰려들고는 했다.

여름방학의 어느 날 밤, 방충망에서 텅, 하는 소리가 났다. 희미하게 찌르르르, 하는 울음소리가 들렸으니 정체는 얼추 짐작이 간다.

"뭐였니?"

"유지매미."

하다못해 애사슴벌레였으면 좋았을 텐데. 애사슴벌레, 장수풍뎅이, 때로는 참나무하늘소까지 창가로 날아든다. 그렇게 생각하고 있자니 뭔가가 방충망 가장자리에서 스르륵 미끄러지듯이 움직였다.

도마뱀붙이다! 뭘 노리고 있는 걸까. 매미일까. 저건 커도 너무 큰데.

도마뱀붙이는 하얀 배를 드러낸 채 창틀을 따라 몸을 감추며 이동하기 시작했다. 그리고 신중하게 발을 놀려서 창문 위로 걸음을 내디딘다. 아무래도 목표물은 매미가 아니라 작은 나방인 듯하다. 한 발짝씩 걸음을 내디디고는 꾹 눌러 발가락을 고정시킨다. 발을 들 때는 발가락을 접듯이 쑥 뽑아낸다. 이런 방식으로 발을 붙였다 떼는 것이리라. 꼬리 끄트머리가 도르륵, 도르륵, 말리듯 움직인다. 마치 먹잇감을 향해 살금살금 다가가는 고양이 같다. 고개를 살짝 좌우로 움직인다. 각각의 눈으로 목표물을 보고 확인하는 걸까.

도마뱀붙이는 나방으로부터 몇 센티미터 떨어진 곳에서 움직임을 멈추더니 몸통을 구부려 하반신을 조금씩 끌어당겼다. 곧이어 작게 텅! 하는 소리가 들렸다. 움츠린 몸을 용수철처럼 뻗어서 달려든 도마뱀붙이가 나방을 문 채 창문에 격돌한 것이다. 나방 바로 옆쪽이 아니라 살짝 머리 위쪽에서 입으로 후려치듯이 덮친 것이 분명하다. 나방은 도마뱀붙이의 입에 단단히 물려 있었다. 도마뱀붙이는 그대로 몇 번 입을 움직여 먹이를 집어삼켰다. 그러고는 입 가장자리로 혀를 내밀더니 눈알을 날름 핥아서 청소를 했다. 나방이 발버둥을 치는 바람에 비늘가루가 묻었으리라.

두 마리째 도마뱀붙이가 나타났다. 더 강한 녀석인지

먼저 와 있던 도마뱀붙이는 슬금슬금 물러났다.

새로이 나타난 도마뱀붙이는 매미를 향해 다가가기 시작했다. 슬금슬금 걸음을 내디디더니 조금 앞쪽에서 걸음을 멈추고는 오른쪽 눈으로 빤히 바라본 다음, 이어서 왼쪽 눈으로 빤히 바라보았다. 또다시 오른쪽 눈으로 보고는 눈알을 날름 핥았다.

그 후, 슬쩍 물러나더니 몸을 오른쪽으로 돌려 잽싸게 창틀까지 도망쳤다.

그래, 저 녀석은 너한테 무리야.

○

밖에서는 바람이 으르렁대는 소리가 강해지고 있다. 이따금 바람에 밀린 덧문이 덜컹, 덜컹, 하는 소리를 낸다. 잠깐 잠잠해지더니 곧이어 쏴아아아아악! 하는 소리가 돌아오자 그칠 줄 모르고 비가 내리는 중이었음이 떠올랐다. 덧문을 닫기 전까지는 바람이 불면 빗물에 생겨난 하얀 막이 마치 커튼처럼 움직이고 있었다.

아버지는 말없이 낡은 라디오를 가져오더니 신문을 보며 주파수를 맞추기 시작했다. 뉴스를 하고 있을 법한 방송국을 찾아내자 건전지를 아끼기 위해서인지 그대로

꺼버린다. 텔레비전에서는 태풍의 예상 진로를 보여주고 있었다.

"태풍의 중심은 현재 ○○ 부근에 있으며, 북동 방면을 향해 시속 ○○킬로미터로 진행 중입니다."

지금이라면 끊임없이 갱신되는 위성사진이나 각지에서 순식간에 모여드는 관측소 정보, 그리고 X밴드 레이더의 비구름 사진 등을 사용해 꽤나 정확하게 태풍의 움직임을 알아낼 수 있으리라. 하지만 당시는 그렇게 편리한 기술이 전혀 없었다. 기상위성 '히마와리'가 겨우 운용될까 말까 하던 때였으며, 여전히 '후지산 레이더(1964년에 기후 관측을 위해 일본의 후지산에 설치된 시설로, 1999년에 운용이 종료되었다-옮긴이)'라는 말도 빈번하게 들려오던 시절이었다.

불이 훅 꺼지더니 픽, 슈웅, 하는 소리와 함께 브라운관에 순간적으로 잔상을 남기며 텔레비전이 꺼졌다. 아버지는 묵묵히 손전등과 라디오 스위치를 켰다.

"별것 아냐, 곧 돌아오겠지."

아버지가 중얼거렸다. 아버지는 이과 출신에다 박식했지만 기술자는 아니다. 그렇다면 '곧 돌아오겠지'라는 말에도 이렇다 할 근거는 없겠으나 신기하게도 아버지의 이런 말은 거의 빗나간 적이 없다.

양초와 랜턴 불빛으로 흐릿하게 비춰진 방 안, 창문에 몸을 기대고 있던 내게 희미한 소리가 들려왔다. 아주 작은, 푸드드…… 푸드드…… 하는 소리였다. 희미한 진동도 느껴진다. 바람이라도 들이친 걸까.

슬쩍 엉덩이를 떼고 몸을 비틀어 뒤를 돌아본 나는 창문에 찰싹 달라붙은 커다랗고 창백한 형체를 발견했다. 불면 꺼질 것처럼 가녀리고 창백한 뭔가가 마치 창문을 두드리듯이…….

"우왓!"

당황한 나머지 탁자 난로를 걸어차고 말았지만 그건 유령도 뭣도 아니었다. 긴꼬리산누에나방이라고 하는 나방의 일종이다.

"어머, 이게 뭐야!"

어머니가 소리를 질렀다.

"나방이야. 긴꼬리산누에나방."

"처음 보는데. 귀한 거니?"

"아니. 그렇게 귀하진 않은데, 이 부근에서는 별로 본 적이 없네."

테이블 지정석에 앉아 있던 아버지도 이쪽을 쳐다본다.

"그러냐? 긴꼬리산누에나방이라고? 흐음."

긴꼬리산누에나방이 날개를 펼친 길이는 최대 120밀리미터 정도다. 검고 노란 호랑나비보다 조금 크고 제비나비와 비슷하니 꽤나 크다. 초록빛이 감도는 연한 하늘색이다 보니 괜히 더 커 보인다. 몸통 역시 마찬가지로 푸르스름한 털로 덮여 있다. '색깔이 왜 이래?' 싶지만 낮에는 커다란 나뭇잎 뒤에 앉아 있으면 의외로 잘 보이지 않는다. 잎 뒷면은 생각보다 색이 연한 법이다. 유충의 먹이는 장미과나 너도밤나무과 나무이므로 잡목림이 있는 곳이라면 어디든 살고 있을 가능성은 있다.

하지만 나라에서는 긴꼬리산누에나방을 거의 본 적이 없다. 기껏해야 밤에 사슴벌레를 찾으러 숲으로 들어갔을 때 정도다. 어두컴컴한 숲속, 상수리나무 줄기에 하얗게 떠오른 긴꼬리산누에나방은 어쩐지 꺼림칙한 느낌이었다. 그 연약하고 못 미더운 날갯짓이나, 언제 이쪽으로 날아올지 모를(아마 목적지는 본인도 잘 모르지 않을까) 흐느적거리는 비행 방식이 예측할 수 없는 공포를 배가시켰다. 나비와는 달리 만지면 바스러질 듯 연약하고, 그런 주제에 몸통은 통통하게 살이 올랐다 보니 만지기도 꺼려졌다. 빽빽하게 자란 털은 육감적이고 생생하지만 동물처럼 익숙하거나 친근하지는 않다. 나비나 사마귀는 작고 단단해서 딱히 징그럽다는 느낌이 들지 않는다. 장수풍뎅이라면 튼튼해서 붙잡아도 뭉개질 염려가 없다. 반면 나방은 물러 터진 주제에 뭉개졌을 때의 촉감까지 생생할 것만 같아 찝찝한 느낌을 받았던 것이리라.

"바람을 피해서 온 걸까."

"그럴걸. 아마 덧문 사이로 기어들어 왔을 거야."

하얗게 떠오른 긴꼬리산누에나방

"그럼 어떡하니?"

"이미 들어왔는데 어쩌긴, 비가 그치면 다시 저 편할 때 나가겠지."

"그럼 가만히 놔두면 될까?"

"그렇지 않을까? 덧문을 슬쩍 열어두면 자기가 알아서 할걸."

○

불이 켜졌다. 텔레비전이 확, 하고 환해지더니 화면이
돌아온다. 다만 화면에 비친 것은 태풍 정보의 정지 영
상이었다.

바람이 잦아들기 시작했다. 조금 전까지 덜컹덜컹 덧
문을 흔들어대던 바람이 잦아들고 있다. 이따금 밖에서
들려오던 뭔가가 굴러가거나 부딪치는 소리도.

"태풍의 눈이구만."

아버지가 히죽 웃으며 말했다. 이게 태풍의 눈이구나!
그러고 보니 예상 진로도의 정중앙에 나라시가 있었다.

주변에서 불어온 공기를 상공으로 빨아들이는 소용돌이의 중심이다. 태풍의 눈만큼은 하늘이 맑다고 한다.

조심스레 밖으로 나가보았다. 바람에 날려온 나뭇잎이 흠뻑 젖은 땅바닥이나 벽에 달라붙어 있다. "너무 멀리 나가진 마라"라고 했기에 현관 바로 앞에서 하늘을 올려다본다.

맑다! 머리 위로 달과 별이 보인다. 그리고 남쪽에서는 벽처럼 덩어리진 구름이 보인다. 저것이 태풍이 불 때의 구름이다. 고개를 돌려보니 사방에 온통 구름의 벽이 우뚝 솟아 있다. 저 안에서 바람이 마구 날뛰고 있다는 말이다.

"한 시간이면 다시 몰아칠 거다"라는 아버지의 말처럼 태풍의 눈이 지나가자 또다시 바람이 거세졌다.

천장의 등불을 향해 작은 벌레가 빙글빙글 돌며 다가오더니 결국 퉁! 하는 소리를 내며 형광등에 부딪힌다. 흐늘흐늘 떨어지더니 또다시 빙글빙글 돌며 날아간다. 아무리 쫓아내도 결코 포기하지 않는다. 빛을 향하는 성질인 주광성(走光性)을 지닌 동물은 적지 않으나 똑바로 날지 않고 '빙글빙글 돌며 날아가다 끝내 부딪히는' 모습이 쓸데없이 빨빨거리는 것처럼 보여 공연히 짜증이 난다.

이는 곤충의 항법 시스템 때문에 벌어진 일종의 사고다.

야행성 곤충은 이따금 달을 의존해서 하늘을 난다. 새는 태양이나 별을 보고 방향을 정하지 달에 의존하는 일은 없다. 철새처럼 며칠, 때로는 몇 주에 걸쳐 장거리를 비행할 경우, 달은 차고 기우는 것도 모자라 나고 드는 시간까지 날마다 달라지므로 방향을 파악하기 위한 목표로 삼기에는 너무나도 부정확하리라.

반면에 단기 내비게이션이라면 달을 사용하더라도 무방하다. 곤충은 광원과 일정한 각도를 유지하며 비행하는 지극히 단순한 유도 시스템을 사용하는 것으로 보인다. 예를 들어 '달이 우측 30도 방향에 오도록 날아라'라는 규칙을 지키면 곤충은 똑바로 나아갈 수 있다.

곤충이 아무리 날아봐야 달의 위치가 변하지는 않는다. 야간열차를 타고 있을 때, 차창 밖의 달이 열차와 나란히 달리는 것처럼 느껴진 적이 없는가? 눈앞의 풍경은 계속해서 각도가 바뀌지만 달과의 위치 관계는 결코 변하지 않아서(최소한 체감할 정도로는 변하지 않는다) 그렇다. 그 이유는 달이 너무나도 멀리 있기 때문이다.

예를 들어 시속 100킬로미터로 곧장 달리는 열차가

있다고 치자. 1초 동안 거의 30미터를 달리는 속도다. 이 열차를 타고 선로에서 30미터 앞에 놓인 전신주를 볼 때, 각도는 1초 동안 45도나 바뀐다. 이 변화가 느껴지지 않을 리 없다. 300미터 앞이라면 약 4.5도까지 줄어든다. 이 또한 알아차릴 수 있으리라. 하지만 달은?

달까지의 거리는 36만 킬로미터다. 1초에 0.000001도도 변하지 않는다. 인간의 눈으로는 이런 차이를 발견할 수 없다. 다시 말해 움직이지 않는 것이나 마찬가지다. 따라서 '달은 언제나 같은 위치로 보인다'라 하더라도 사실상 문제가 없다. 물론 지구의 자전에 따라 위치는 한 시간에 약 15도씩 바뀌지만 몇 시간씩 쉬지 않고 나는 게 아니라면 딱히 지장은 없다.

이러한 이유로 짧은 시간이라면 달과 일정한 각도를 유지하며 날기만 해도 곤충은 똑바로 전진할 수 있다. 그래서 곤충은 밤하늘에 떠오른 밝은 광원을 표식으로 삼는 것이다.

하지만 이 광원이 생각보다 가깝다면 어떻게 될까?

그림을 그려보면 쉽게 알 수 있으니 꼭 시험해봤으면 한다. 광원에 대해 90도보다 작은 각도를 유지하며 날았을 때, 벌레가 비행한 흔적은 나선을 그리며 광원으로

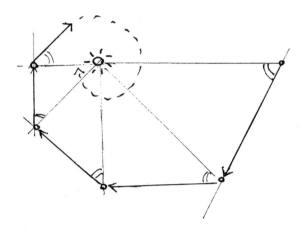

광원에 대해 45도를 유지하며 비행한 경우

다가가다 끝내는 충돌하게 된다.

90도보다 클 때는 나선을 그리며 광원으로부터 멀어진다. 광원에서 멀어지는 상황이 벌어졌다 하더라도 그런 벌레는 어둠 속으로 사라지므로 우리들의 시야에 머무르지 않는다. 정확히 90도일 때는 원 궤도를 그리며 광원 주변을 하염없이 맴돌게 된다.

불빛을 향해 끊임없이 날아드는 성가신 벌레는 본래대로라면 제대로 기능해야 했어야 할 규칙에 따랐을 뿐이다. 말하자면 손이 닿는 거리에 광원을 만들어낸 인간의 희생자인 셈이다.

턱 끝에 맺힌 땀방울. 양초의 불빛. 랜턴에서 나는 매캐한 냄새. 태풍의 예상 진로. 창문을 흔드는 바람 소리. 그리고 긴꼬리산누에나방.

폭풍우 몰아치는 밤은 아직 끝나지 않았다.

큰부리까마귀 수컷은 알을 품고 있는 암컷을
둥지 밖으로 불러내 먹이를 줍니다.

# 비행에 대한 동경

쇠백로,
메가네우라, 아비,
말똥가리,
까치, 왜가리,
까마귀

●

대학원 시절. 가모가와강의 둑 주변에서 까마귀를 보고 있으려니 눈앞에 쇠백로 한 마리가 나타났다. 한동안 수면을 들여다보던 쇠백로는 둑 위로 올라가 맞바람을 향해 날개를 펼치고는 팍, 하고 지면을 박차며 하늘로 날아올랐다. 고작 그 정도로 허공에 둥실 떠오른 쇠백로는 부드럽게 비거리를 늘리며 강하하더니 제방에서 10미터 정도 떨어진 강변에 착 내려앉았다. 인간이었으면 열심히 걸어간 다음에 또다시 내려가야 하는 곳에 사뿐히. 아주 당연하다는 얼굴로.

곧이어 바람이 불어온 순간, 나는 저도 모르게 두 팔을 벌리며 팍, 하고 지면을 박차려다 황급히 멈췄다. 아니, 아니지, 정신 차려.

하지만 지금도 바람을 향해 두 팔을 벌리면 날 수 있지 않을까 싶을 때가 가끔씩 있다.

파워포인트로
새의 윤곽을
따라 그리고 ……

○

컴퓨터 시작 메뉴에서 파워포인트를 실행해 새 프레젠테이션을 선택. 날고 있는 새를 바로 밑에서 찍은 사진을 복사&붙여넣기. 그리기 툴에서 자유 곡선을 선택. 날개의 평면 형태를 따라 오른쪽 날개를 그린다. 방금 그린 곡선을 복사. 붙여넣기. 좌우 뒤집기. 이로써 왼쪽 날개도 완성. 좌우로 나란히 놓는다.

꽁지깃은 간단한 형태면 충분하므로 이등변삼각형으로 때운다. 이것을 날개 뒤쪽에 놓으면 새의 평면도가 된다.

이어서 '옆에서 본 날고 있는 새' 같은 형태를 대충 쓱 싹쓱싹 그린다. 다 그렸으면 확대 및 축소해서 평면도와 크기를 맞춘다. 이걸 복사&붙여넣기해서 네 장으로 늘린다. 두 장은 중간을 싹둑 잘라내야 하니 빗금을 쳐둔다. 이로써 부품 도면이 완성됐다.

직장에서 쓰는 프린터의 용지 트레이에 켄트지를 삽입해서 조금 전에 그린 부품도를 출력한다. 그려져 있는 선을 따라 가위와 커터칼로 잘라내면 부품이 완성된다. 몸통은 두 장을 합치고, 상반신은 네 장을 합쳐서 머리 쪽이 무거워지게 만든다. 이렇게 해야 중심이 맞고, 날렸을 때 머리부터 떨어지더라도 파손되는 상황을 막을 수 있다.

조립한 몸체를 빨래집게로 집어서 꽉 눌러준다. 지금까지 수없이 해본 작업이다. 그다음에는 접착제가 마를 때까지 잠시 기다려야 한다.

 내가 처음으로 하늘을 동경하게 된 때는 언제였을까. 집에 있던《비행기 도감》인지 뭔지 하는 책을 읽었던 때가 처음이었을까.

 신화 속 세계에서는 이카로스와 다이달로스가 새의 날개를 팔에 달고 날갯짓으로 하늘을 날았다. 그야말로 새처럼. 인간은 아득히 먼 옛날부터 비행을 동경해왔다는 말이다. 하지만 이 방법은 포기하는 편이 낫다. 새의 비상근(飛翔筋. 날기 위해 사용하는 근육)은 체중의 25%에 달하기도 한다. 또한 동일한 단면적이라면 새의 근육이 인간보다 4배나 강한 출력을 낸다는 의견도 있다. 그렇게 강력한 근육을 지녔음에도 체중의 25%가 필요하다니……. 잠깐만, 그러면 인간은 체중의 100%를 근육으로 만들어야 한다는 말이잖아.

 가장 먼저 하늘을 제압한 생물은 곤충류다. 고생대의 하늘은 곤충의 독무대였을 터이다. 메가네우라라는 잠자리는 날개를 편 길이가 70센티미터나 되었다. 현재는 교묘하게 숨지 않으면 새에게 잡아먹히고 말기 때문에 그렇게까지 거대한 곤충은 없다. 무엇보다 곤충이 지닌 호흡기와 순환기로는 그렇게 커다란 몸을 유지할 수 없다. 곤충에게는 몸 전체에 고루 퍼진 혈관이 없기에 심장에서 나온 체액은 자유롭게 체내로 확산되어 산소를 운반한다. 작은 몸에는 간편하고 좋은 방법이지만 몸이 과도하게 커지면 확연히 효율이 떨어지기 시작한다. 고생대는 지금보다 대기 중의 산소 농도가 높았기 때문에 거대한 곤충도 근근이 살아남을 수 있었던 모양이다.
 곤충 이외에 하늘을 나는 무척추동물이라면 오징어 정도가 있다(적에게서 도망치기 위해 해수면으로 점프할 때가 있다). 척추동물 중에서는 날치나 민물자귀어(아마존

강이나 페루 등 남미 지역에 서식하는 민물고기로, 자귀어란 나무 따위를 다듬는 데 쓰는 연장인 자귀를 닮았다 하여 붙은 이름이다-옮긴이)처럼 수면을 유영하면서 몸을 들고 가슴지느러미를 펼쳐서 비행하는 어류가 있다. 양서류와 파충류 중에서도 활공하는 무리는 있지만 현재까지 자력으로 날개를 퍼덕여 비행하는 동물은 없다(날뱀이나 날도마뱀은 나무 위에서 공중으로 힘껏 점프하지만 그 뒤로는 오로지 활공할 뿐이다). 중생대에 번성한 익룡류는 공룡과 함께 멸종하고 말았다. 그런 가운데, 중생대에 파충류(공룡)에서 갈라져 나와 신생대를 거치며 빠른 속도로 하늘의 제왕이 된 동물이 바로 조류다.

포유류에서는 박쥐라는 비행 동물이 탄생했지만 새와의 정면 대결은 벌어지지 않았던 듯하다. 오히려 박쥐는 초음파를 사용해 하늘을 나는 밤의 사냥꾼으로서 새와는 다른 방향으로 진화하고 있다.

사람은 평지를 걷게끔 진화하면서 선조인 원숭이가 지녔던 '나뭇가지 위를 이동하거나 점프해서 옮겨 타는 능력'도 대부분 잃어버렸다. 그야말로 2차원의 존재가 되어버린 우리는 3차원에서 펼쳐지는 입체적인 움직임을 제대로 파악조차 하지 못한다. 가능한 일이라고는 손가락만 빨며 새를 올려다보는 것, 그리고 비행기를 만들어 하늘을 나는 것이다.

## 하늘을 나는 존재와의 만남

○

처음으로 직접 만들어본 '비행하는 물체'는 종이비행기가 아니었을까. 확실히 기억은 나지 않지만 초등학교에 올라가기 전부터였으리라. 신문에 딸린 전단지란 전단지는 모조리 접어서 날렸던 기억이 난다. 가장 좋았던 건 컬러로 인쇄된 빳빳한 종이였다. 얄팍한 싸구려 전단지도 좋았지만 크기에 비해 너무 얇다 보니 반으로 자르지 않으면 하늘하늘 떠버린다. 신문지는 안 된다. 얇고 힘이 없다.

그다음이 연이었다. 다케우치 씨(미카미 씨와 마찬가지

로 당시 고향집에서 함께 지냈던 하숙생 같은 사람)한테 배워서 대오리와 나무 막대기, 창호지로 연을 만든 기억이 있다. 유치원생에서 초등학생 때, 만능 재료였던 대오리와 나무 막대기, 나무판은 언제나 넉넉하게 쌓여 있었다. 산에서 주워온 대나무를 쪼개서 대나무 막대를 만든 적도 있다. 대나무를 쪼개는 법이나 깎는 법은 책에 나와 있었고, 배우기도 했다. 공구류는(이유는 모르겠으나) 나무상자에 한 벌 가득 채워져 있었다. 접이식 칼, 주머니칼, 톱, 망치, 세모송곳, 줄, 사포, 못, 나사못, 펜치, 니퍼, 멍키스패너 따위다.

"연 만들래?"

"탈 수 있어?"

"그건 어려울 것 같은데—."

"안 돼?"

"미안해, 그래도 되도록 크게 만들어보자."

아마도 당시 유행했던 특촬물 〈가면의 닌자 아카카게〉 때문이었으리라고 생각되는데, 연이라면 사람이 탈 만큼 크게 만들 수 있을 줄 알았다. 〈아카카게〉에서는 가끔 정의의 닌자가 '그림자(影)'라는 글자를 물들인 거대한 연을 타고 나타나기 때문이다. 현실에서는 대단히 어렵다는 걸 알았을 때는 큰 충격이었다.

추수가 끝난 겨울 논은 어린이들의 놀이터다. 휑하고 넓다 보니 연날리기도 언제나 인기였다. 연을 제대로 날리기란 의외로 어렵지만 직접 만든 연은 잘 날았다. 실을 조정하는 법도 잘 알고 있었던 다케우치 씨가 어려운 부분은 도와주었기 때문이다. 도쿄에서도 서민 동네에서 자란 다케우치 씨는 예전에 어린이들이 하던 놀이라면 대부분 알고 있었다.

그렇게 토종 연을 날리며 놀던 아이들 사이로 휴스턴에서 개항의 물결이 밀려왔다. 'NASA의 기술을 응용했다'라며 광고를 했던 게일라 카이트였다.

가공이 모두 끝난 비닐 몸체에 플라스틱 뼈대를 꽂아서 조립한 다음, 구멍에 연줄을 꿰면 끝이다. 그게 전부인데도 '게일라'는 무서우리만치 잘 날았다. 마치 우주에서 날아온 침입자처럼 게일러 카이트는 일본의 하늘을 휘어잡았고, 초등학교 연날리기 대회에서도 죄다 게일라를 날리는 녀석들뿐이었다.

공장제 기성품이 잘 나는 건 당연하다. 그런 꼼수를

NASA의 기술을 응용했다는
게일라 카이트

부리기 싫어서 필사적으로 실을 조종하는 수제 연을 비웃듯, 주변의 게일라 카이트는 여유롭게 하늘로 올라갔다. 큼직하게 인쇄된 빨간 눈알이 미군 전투기에 그려진 샤크 마우스 노즈 아트(상어 이빨과 눈을 기수에 그린 것) 같아서 부아가 치밀었다.

한번은 게일러 카이트를 이기기까지는 못하더라도 맞먹을 만큼 잘 나는 연을 완성한 적이 있었다. 실을 팽팽하게 잡아당긴 다음, 그 실에 종이로 만든 '우나리(일본의 전통 연을 만들 때 사용되는 부품으로, 바람을 받으면 연에서 소리가 나게 해준다-옮긴이)'를 달았다. 종이테이프를 두 번 접어서 실에 붙이고 중간에 칼집을 넣었을 뿐이지

샤크 마우스 노즈 아트

만 세게 당기자 바람에 펄럭이며 부웅! 하는 소리가 났다.

하지만 강풍 속에서 얼마나 떠오를지 시험하는 도중에 연줄이 뚝 끊어지고 말았다. 연은 연줄을 수십 미터나 매단 채 바람을 타고 멀리멀리 날아갔다. 계곡을 넘어간 모습까지는 보았다. 그 뒤로는 숲에 가려져서 보이지 않았다. 큰일 났네, 나무에 걸렸으면 어떡하지.

"아이고야!"

"강을 건너는 편이 더 빠르겠어!"

우리는 연을 쫓아서 달렸다. 이대로 계속 간다면 어디까지 갈까?

절까지? 그 건너편까지?

강 건너 맞은편 논으로 올라가서 논두렁을 따라가다
보니 내 또래로 보이는 아이 셋이 그 앞에 있는 논에서
연을 날리고 있었다. 그 연은 바로 조금 전에 잃어버린
내 연이었다. 논에 불시착한 연을 아이들이 주운 듯하다.

다른 학교에 다니는 모르는 아이들이었다. 어떻게 말
을 걸면 좋을지도 몰랐지만 가까이 다가가 "그거, 내 거
야" 하고 손을 내밀었다. 그 아이들도 '주웠다면 임자가
있다는 뜻'이라고 생각했나 보다. 군말 없이 연을 돌려
주었다. 이렇게 이 교섭은 평화롭게 마무리되었다.

그러고 보니 그때 본 아이들과는 그 후로도 몇 번인가
만났던 듯하다. 집까지 따라와서 함께 간식을 먹고 간
적도 있지 않았을까. 집에는 미카미 씨나 다케우치 씨
같은 하숙생들이 있어서 아이들이 야산에 놀러 갈 때면
으레 따라와 주었다. 그러다 보니 어른들도 "함부로 나
가면 안 돼"라고는 하지 않았기에 동네 꼬마 여럿이 하
숙생들을 앞장세운 채(혹은 데리고) 줄줄이 걸어갈 때가
곧잘 있었다. 아이들이 떼를 지어서 지나가다 보면 패거
리가 점점 늘어난다. 도중에 만난 아이들까지 별다른 말
없이 따라붙은 탓에 열 명 가까운 아이들을 집으로 데려

온 적도 있었다. 어머니가 살랑살랑 손짓을 하며 "쟤는 누구니?" 하고 물으면 "몰라, 저쪽 논에서 만났어"라고 대답하는 경우도 드물지는 않았다.

## 하늘을 나는 사내들, 그리고 돼지

초등학생 때, 텔레비전 명화극장에서 하늘을 나는 꿈을 그대로 묘사한 듯한 코미디 영화를 보았다. 가죽 비행모에 보안경을 쓴 모험 비행가들이 뻥 뚫린 조종석에 앉아, 날개에 마포(麻布)를 바른 비행기를 날리기 위해 안간힘을 쓰던 시대의 이야기다. 전 세계에서 온갖 비행기가 레이스에 참가하고, 도버 해협을 건너 마지막에는 개선문 광장에 착륙한다. 그렇다, 〈럭키 레이디〉(영국 켄 아나킨 감독의 1965년작-편집자)였다.

이 영화에서는 일본에서도 야마모토라는 비행사가

참가했는데, 배우는 이시하라 유지로였다. 텔레비전에서 해준 두 시간짜리 버전에서는 삭제된 장면을 한참이 지난 뒤에 보니 야마모토가 참가를 결심하는 대목이 있었다. 야마모토는 일본의 비행 학교에서 장래가 촉망되던 인재였기에 교장이 레이스에 참가하기를 권했던 것이다.

이렇게 써놓으면 무척 평범하지만 실제로는 소림사 권법이라도 훈련할 법한 산사에서 신선처럼 수염을 기른 사부님에게 명령을 받는 해괴한 일본의 풍경이 그려지고 있었다. 배경에서는 닌자 같은 학생들이 커다란 연을 타고 나는 훈련을 하고 있다! 뭐야, 나만 연을 타고 싶었던 게 아니었잖아, 그럴 줄 알았다니까.


〈럭키 레이디〉 이후로 가슴 뛰는 비행기 영화와는 만나지 못했다. 〈치티 치티 뱅 뱅〉은 하늘을 날고, 바다도 달리고, 가슴까지 뛰게 해주는 영화였지만 아무리 그래도 주역이 자동차여서야 비행기 영화라고 보기는 어렵다. 역시 〈럭키 레이디〉가 최고 걸작일까, 하고 생각하던 중, 대학생이 된 해에 어느 걸작과 만났다. 그렇다, 바로 〈붉은 돼지〉였다.

누가 뭐래도 멋진 부분은 무인도에 있는 비밀 기지를 벗어나는 장면이었다. 컨디션이 나쁜 엔진을 어르고 달래며 수상 활주를 위해 방향을 바꾸자 프로펠러의 풍압에 잡지가 펄럭거리고 잔이 쓰러지더니 급기야 파라솔과 테이블이 날아간다. 하지만 이건 겨우 '움직이기 위한' 출력에 불과하다. 너른 해수면으로 나온 뒤, 안전 홈을 해제하고 스로틀을 전개한다. 그 순간, 펑! 하고 물보라를 일으키며 멍에에서 풀려난 새빨간 비행정이 활주를 시작한다.

간단한 묘사지만 항공 엔진이 지닌 압도적인 출력을 절로 알게 되는, 기계를 좋아하는 사람이라면 몸서리칠 법한 장면이다. 여기서 비행기구름을 매단 새빨간 비행정이 적란운 사이를 선회하며 사라지는 마지막 장면까지, 그야말로 눈을 뗄 수가 없었다. 영화관에서 눈썹 하나 까딱하지 않은 채 끝까지 다 보고는 그대로 자리에 남아 한 번을 더 봤다(당시의 영화관은 영화가 끝나면 모두 퇴장하는 방식이 아니었다). 두 번째는 첫 번째에 놓친 부분을 확인할 요량으로 봤고, 세 번째는 재차 시점을 바꿔서 보고 싶었지만 그날의 상영은 그게 마지막이었다. 하는 수 없지. 머릿속으로 대사와 장면을 곱씹으며 집으로 돌아갔다.

지브리 스튜디오의 작품 중에서 가장 좋아하는 작품이 무엇이냐고 묻는다면 주저 없이 〈붉은 돼지〉라고 대답한다. 한심한 남자들과 비행정이 하늘을 질주한다는 사실만으로도 충분하다. 날지 않는 돼지는 그냥 돼지지만, 동심을 잊어버린 사람 역시 그냥 돼지다.

아차, 이거 실례. 돼지는 무척 깔끔하고 영리한 동물이라는 건 나도 안다.

그건 그렇고, 비행기 날개의 크기는 시대나 기종에 따라 전혀 다르다는 사실을 알고 계시는지. 1903년에 처음으로 유인 동력 비행에 성공한 라이트 플라이어 1호는 '날개가 하늘을 나는' 듯한 모습이었다. 한편 1950년대에 개발되어 '궁극의 유인 전투기'로 불렸다고도 하는 록히드 F-104는 '미사일인가?' 싶을 만큼 작은 날개만을 달고 있다.

비행기의 무게를 날개의 면적으로 나눈 값, 다시 말해 '날개가 단위 면적당 어느 정도의 중량을 부담해야 하는

가'라는 지표를 익면하중(翼面荷重)이라고 한다. 같은 무게의 비행기라도 날개가 크면 익면하중은 낮아지고, 날개를 작게 줄이면 익면하중은 높아진다. 비행기의 날개면적은 이 익면하중에 근거해 설계된다. 익면하중이 높고 낮음에 따라 비행기의 성격이 판이하게 달라지기 때문이다. 단순히 말하자면 익면하중이 낮은 비행기는 느린 속도로 날 수 있으며 대량의 짐을 싣고도 날 수 있다. 하지만 커다란 날개는 공기저항의 원인이기도 하므로 익면하중이 낮은 기체는 빠른 속도를 내기 어렵다.

과거에는 수상비행기가 지상에서 이착륙하는 일반적인 육상기보다 빠르던 시대가 있었다. 그야말로 〈붉은 돼지〉의 무대가 된 시대로, 슈나이더컵이 개최된 1차 세계대전과 2차 세계대전 사이의 시대다. 당시의 고속기는 공기저항을 줄이기 위해 아주 작은 날개를 달고 있었다. 따라서 천천히 날기 어려웠다. 날개에서 발생하는 양력은 속도의 제곱에 비례한다. 속도가 빠르다면 날개가 작아도 날 수 있지만 자칫 속도를 떨어뜨렸다간 양력이 부족해 기체를 지탱하지 못하고 추락하고 만다. 그렇다면 활주를 시작하고 공중에 뜨는 속도에 도달하기까지 시간이 걸리며, 착륙할 때 역시 상식을 벗어난 속도로 미끄러져 들어와야 한다. 하지만 당시의 비행장은 비포장이 기본이었기에 지금처럼 반듯하고 평탄한 활주로가 몇 킬로미터씩 깔려 있지는 않았다. 이래서는 활주거리가 부족하다.

그래서 떠올린 것이 '매끄러운 수면이라면 마음껏 활주할 수 있다'는 아이디어였다. 이리하여 여러 대의 수상비행기가 개발되었는데, 그 종착점인 마키 M.C.72는 플로트(수상비행기가 물에 뜰 수 있도록 돕는 보조 기구-옮긴이)라는 거대한 짐 덩어리를 매달고 있었음에도 불구하고 709킬로미터라는 최고 시속을 기록했다. 같은 시대의 육상기가 낸 기록보다 시속 140킬로미터 이상 빨

최고 시속 709킬로미터를 기록한
마키 M.C.72

랐던 셈이다.

물론 얼마 지나지 않아 플랩(flap)이나 슬랫(slat)과 같은 고양력 장치(날개가 작더라도 필요할 때에만 양력을 높여서 안전하게 이착륙할 수 있게 해주는 장치)가 일반화되면서 마키 M.C.72의 기록은 겨우 5년 만에 육상기에게 깨지고 말았지만.


새는 날개를 오므리거나 접을 수 있으며 날개를 퍼덕이거나 몸을 일으켜서 추진력의 방향까지 바꿀 수 있으니 비행기와 똑같은 방식으로 비행하는 건 아니다. 다만 수상비행기를 보는 관점으로 물새를 바라보면 '아, 이 녀석들, 저속 비행은 젬병이구나' 하는 생각이 들 때가 있다. 수면에 안착하려는 오리를 보면 활공 상태로 접근하면서 날개를 내리고 좌우로 몸을 기우뚱거린다. 아마도 날개 끝에서 실속(失速. 비행 속도가 떨어져서 양력을 잃는 현상-옮긴이)이 시작되었으리라. 곧이어 몸을 일으키고는 힘찬 날갯짓과 함께 다리를 내밀어 수면으로 치닫는다. 비행기로 말하자면 플랩을 내리고 기어를 낮춘 뒤 에어브레이크를 개방한 셈이다. 마지막으로 발을 수면에 담가 물보라를 일으키며 급히 속도를 떨어뜨린 다음,

순식간에 날개를 접고 수면에 미끄러지면서 부드럽게 활주한다. 그리고 물보라 속에서 고개를 휘휘 저어 물방울을 털어내며 아무렇지도 않은 얼굴로 나타나는 것이다. 하지만 활주가 필요한 속도로 돌입한다는 말은 익면하중이 너무 높다는 뜻 아닐까?

그런 생각이 들어서 계산해보니 물새는 비슷한 몸무게의 육상 조류에 비해 익면하중이 제법 높다는 사실을 알아냈다. 역시나 물새는 수면을 이용해 이착수하는 만큼 날개가 작은 것이다.

그중에서도 익면하중이 도드라지게 높은 새는 아비 무리였다. 아비는 물속에서 물고기를 추격해 잡아먹으며 둥지도 물가에 있으므로 육상으로 내려올 필요가 거의 없다. 애당초 다리가 뒤쪽에 쏠려 있어서 육지에서는 제대로 걷지도 못한다. 말하자면 아비는 수상비행기, 혹은 비행정으로 완전히 탈바꿈한 새인 셈이다.

반대로 익면하중이 낮은 새로는 매 무리가 있다. 먹이를 쫓아 급히 방향을 틀어야 하고, 붙잡은 먹이를 움켜쥔 채 날아야 할 때도 있기 때문이다. 한편으로 빠르게 사냥감을 향해 돌진해야 하는 순간도 있는데, 이때는 날개를 접어서 면적을 줄이는 방식으로 대처하고 있으리라.

새의 손목 관절 바로 앞쪽에는 작은날개깃(alula)이라
고 불리는 단단한 깃털이 있다. 정확히 엄지가 있는 위
치다. 날개깃보다도 훨씬 작지만 깃털의 앞뒤가 대칭형
이 아닌 미묘한 곡면이라는 점 등에서 비행에 관련된 깃
털임이 엿보인다.

활공해온 말똥가리(까마귀만 한 크기에 땅딸막하고 만
사 여유로워 보이는 맹금류)가 속도를 줄이더니 맞바람을
탄 채 공중에서 정지한 모습을 사진으로 찍은 적이 있
다. 처음에 말똥가리는 날개를 오므려 활공하고 있었지

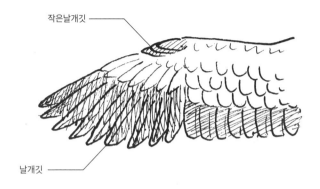

작은날개깃

날개깃

만 속도를 떨어뜨리자 날개를 펼치고 꽁지깃도 활짝 벌렸다. 그리고 여기서 속도를 더 낮추며 날개 위로 작은 날개깃을 비스듬히 펼치더니 맞바람을 타고 공중에 정지했다.

속도가 떨어지면 작동한다…… 비행기 마니아라면 이거다 싶었으리라. 바로 자동 앞전슬랫(leading-edge slat)과 동일한 움직임이다. 다만 작은날개깃이 실속을 막는 원리는 슬랫과 다르다. 슬랫은 기류가 익면을 벗어나기 시작하면 익면에 빈틈을 만들어 강제로 바람을 빨아들여서 기류를 정리한다. 반면 작은날개깃은 소용돌이 발생 장치, 다시 말해 기류 사이에 고의로 장애물을 밀어 넣어서 후방에 소용돌이를 발생시키는 장치다.

공기저항을 줄여야 할 때는 이렇게 불필요한 돌출부는 경원시된다. 하지만 특정 지점에 소용돌이를 일으키면 기체 표면에서 벗어나려는 기류를 정리해주므로 비행기나 경주용차의 공력(空力)에 대한 대처법으로 사용되기도 한다. 현대의 제트전투기 중에는 느린 속도나 극단적인 앙각(仰角. 낮은 곳에서 높은 곳을 올려다볼 때, 시선과 지평선이 이루는 각도를 말함-옮긴이)에서도 양력을 잃지 않게끔 적극적으로 소용돌이를 만들어내 날개 윗면으로 보내는, 카나드(canard) 혹은 스트레이크(strake)라고 불리는 장치가 달린 것이 있다. 작은날개깃의 기능은 바로 이러한 실속 방지 장치와 동일하다. 이는 실험을 통해 확인된 사실이다. 이상임 씨를 비롯한 한국의 연구진들은 사육 중인 까치의 작은날개깃을 떼어내 비행 능력을 확인하는 실험을 실시했다(깃털이므로 잘라도 아프지 않으며 이듬해 털갈이를 할 때 다시 자라므로 걱정할 필요는 없다).

우선 까치가 앉은 홰 밑에 먹이를 둔다. 그러면 까치는 홰에서 먹이를 향해 낙하산처럼 강하하여 먹이 바로 근처에 착지한다. 이때 날개는 느린 속도와 극단적인 앙각에서 기류를 받게 된다.

하지만 작은날개깃이 잘려서 위의 방식대로 날지 못하는 까치는 먹이와 멀리 떨어진 곳에 낮은 각도로 내려앉더니 먹이까지 걸어서 돌아갔다. 이는 작은날개깃이 느린 속도와 극단적 앙각이라는 조건에서 실속을 방지해준다는 사실을 시사한다.

이어서 까치의 표본을 이용해 풍동 실험을 실시한 결과, 펼친 작은날개깃 뒤쪽에서는 강력한 소용돌이가 발생한다는 사실이 확인되었다. 날개 윗면으로 소용돌이를 보내 기류가 흐트러지는 현상을 방지하고 실속을 막는 것이다. 이것이 저속과 대앙각이라는 조건에서 새가 내려앉을 수 있는 비결이었던 셈이다.

작은날개깃의 기능을 확인하기 위한 까치 실험

기류가 익면에서 벗어나 실속한 상태(상)와
작은날개깃에서 생겨난 소용돌이로 기류를 정리한 상태(중).
항공기에서도 비슷한 원리가 사용된다(하)

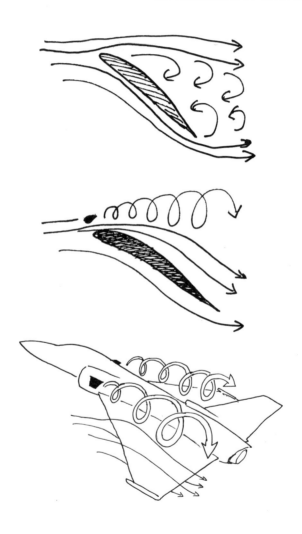

이 사실을 알고 나서 새의 사진을 살펴보면 대형 조류는 착지하기 직전에 작은날개깃을 활짝 펼치는 경우가 많음을 알 수 있다. 크고 무거운 새는 익면하중이 높은 만큼 날개 윗면의 기류를 능숙하게 제어하면서 속도를 낮추지 못한다면 추락하고 말리라.

## 새도 하늘에서 떨어진다

새의 추락이란(나는 법을 연습 중인 새끼가 아니라면) 극히 드물기는 하지만 아주 없는 일은 아니다.

여름의 막바지, 하천 부지에서 새를 관찰하던 나는 강가로 내려오려는 왜가리 한 마리를 발견했다. 그날은 엄청나게 바람이 강했다.

날개를 펼친 채 선회하며 내려오던 왜가리는 돌풍에 밀려 붕 떠올랐다. 황급히 머리를 내리자 이번에는 바람이 멎어서 그대로 떨어졌다. 지면에 부딪히지 않도록 머리를 들고 날개를 퍼덕인 왜가리는 또다시 강풍에 휘

말렸고, 나뒹굴려던 찰나에 날개를 푸드덕거리며 상공으로 대피했다. 바람 때문에 자세가 자꾸 변하다 보니 안정적으로 내려올 수 없었던 것이다. 특히 왜가리는 착지 직전의 움직임이 섬세하다. 비행 중에는 목을 S자로 움츠리고 있지만 착지할 때는 목을 뻗어 아래를 내려다보며 착륙한다. 이때 몸을 일으키는 방식과 진입 각도, 그리고 중심의 변화까지, 모두가 꽤나 섬세한 작업인 듯하다.

몸의 무늬가 뚜렷하지 않으니 아무래도 이 왜가리는 어린 개체인 모양이다. 아마도 올해 태어난 어린 새로, 독립은 했지만 이렇게 혹독한 조건에서의 비행은 아직 경험한 적이 없으리라. 좋아, 조금만 더…… 안 돼, 또 바람에 밀려났잖아…… 그렇게 내심 응원하며 지켜보고 있으려니 왜가리는 크게 곡선을 그리며 재도전에 나섰다. 맞은편 기슭까지 날아가 몸을 크게 기울여 방향을 틀려던…… 바로 그 순간, 옆에서 돌풍이 들이닥쳤다. 왜가리는 황급히 재정비를 시도했지만 너무 늦었다. 날개를 90도로 세워서 추락하듯이 고도를 낮춘 왜가리는 연거푸 바람에 밀려나 맞은편 기슭의 갈대밭에 등부터 떨어졌다.

쉽게 접근할 만한 장소는 아니었기에 확인하러 가지는 못했지만 떨어진 자세로 보아 꽤나 위험한 느낌이었다. 어쩌면 목숨을 잃었을지도 모른다.


또 한번은 까마귀들의 싸움에서 까마귀가 상대방을 '격추'하는 장면을 본 적이 있다.

상대는 까마귀 한 쌍의 구역에 침입하고 만 큰부리까마귀 한 마리였다. 바로 벗어났으면 무사했겠으나 아마도 먹이를 찾느라 바로 떠나지 못했으리라. 까마귀 두 마리 사이에 끼어서 완전히 포위당하고 말았다. 게다가 초등학교 운동장으로 들어온 탓에 주위를 둘러싼 그물에 가로막혀 제대로 도망치기가 어려운 모양이었다.

큰부리까마귀는 상공 20미터 부근까지 날아올랐지만 뒤에서 까마귀 한 마리가 덤벼들었다. 피하려 하자 나머지 한 마리가 공격해왔다. 큰부리까마귀는 잽싸게 몸을 90도 틀어서 훌쩍 미끄러지듯이 공격을 피했다. 훌륭한 솜씨다. 공격에 실패한 까마귀가 그대로 선회하여 날아오르자 그 사이에 다른 한 마리가 또다시 큰부리까마귀에게 덤벼들었다. 상대방의 머리 위를 독점한 채 교대로 강하하며 공격을 시도하는 무적의 연속 공격이었다. 게

다가 큰부리까마귀는 피할 때마다 속도와 고도를 잃은 탓에 점점 아래로 내몰렸다.

마침내 고도가 0이 되었다. 큰부리까마귀는 피하려 했지만 고도가 없음을 깨닫고 순간적으로 다리를 뻗어 급히 브레이크를 밟았다. 앞으로 고꾸라지듯이 학교 운동장에 미끄러지며 멈췄다. 까아악! 하고 위협하듯 소리치려던 순간, 또다시 까마귀의 공격이 머리를 스쳤고, 큰부리까마귀는 고개를 움츠린 채 까악! 하고 울었다. 직접적인 공격은 피한 큰부리까마귀였지만 추락할 수밖에 없을 정도로 까마귀 두 마리에게 밀린 셈이다. 멋진 협력 플레이와 몸놀림이었다. 맹금류에 비하면 비행 실력이 떨어지는 까마귀라 해도 이 정도 곡예는 부릴 줄 안다.

# 그리고, 그날 본 백로에 매료되다

부품을 붙여서 새 모형을 만들다 '비행'이라는 단어에 그만 삼천포로 빠지고 말았다.

어디, 접착제는 마른 모양이다. 짜 맞춘 새 모양 비행기를 앞에서 살펴보며 비틀린 부분을 고치고, 상반각을 맞추고, 날개 앞쪽의 비틀림과 수평 꼬리날개를 미세하게 조정한다. 중심 위치는 조금 뒤쪽으로 치우쳤다. 클립을 머리에 달아서 조정한다.

가볍게 던진 '새'는 연구실을 부드럽게 날더니 하늘하늘 바닥에 떨어졌다. 좋아, 성공이다. 내일 강의에서는 새의 형태에 관해서 잠깐 언급한 다음에 이걸 이야깃거리로 삼을 생각이었다.

하지만 내가 정말로 느낀 점을 수업에서 모두 전달하기란 아마도 어려우리라.

먹이로 유혹하는 수컷의 목소리를 들으면
암컷은 저도 모르게 반응하고 맙니다.

# 개구쟁이의 발밑

장구애비,
게아재비,
물장군,
꿀벌,
하루살이

●

　난감하다. 실로 난감해.

　나는 아웃도어 용품점 앞에서 고개를 갸웃거리는 중이다. 몇 년이나 신어온 등산화가 너덜너덜해지고 말았기에 새로 살까 하는데, 도무지 '이거다' 싶은 녀석이 없다. 지금 손에 든 이 모델은 가볍다는 점에서 놓치기 아깝지만 아무리 봐도 러닝슈즈가 진화한 느낌이라 덤불 속에서 바위를 걸어차기라도 했다간 발가락이 아플 듯하다. 이쪽 신발은 튼튼해서 좋지만 신어보니 발에 맞지 않았다. 그렇다면 완전히 꽝.

조금 전에 눈여겨본 신발은 발에 딱 맞았지만 조금 딱딱하다. 돌밭을 걷는다면 상관없겠지만 나는 기본적으로 삼림한계선(고산 혹은 고지대에서 낮은 기온 때문에 삼림이 이루어질 수 없는 한계선-옮긴이)보다 아래쪽에서 살아가는 사람이다. 동물을 찾아다녀야 하니 숲 말고는 거의 갈 일이 없다. 그리고 숲속을, 게다가 동물을 찾아 조심스레 걸으려면 조금 더 부드러운 신발이 낫다. 그렇다고 너무 가벼운 신발은 약하거나 방수성이 의심스럽다.

아아, 물건에 대한 이런 집착은 즐거우면서도 골치가 아프다. 예전에는 아무것도 신지 않은 두 발이 더 믿음직스러웠건만.

○

재
미
있
는
물
웅
덩
이

아주 옛날, 기억이 나지 않을 정도로 옛날, 나는 노란색 고무장화를 신고 살았던 모양이다. 아이들은 물웅덩이를 보면 으레 발을 철벅거리러 가고는 하니 합리적이라면 합리적이다. 다만 장화보다 깊은 물에 뛰어들었다간 말짱 도루묵이다.

그 시절은 물웅덩이가 아주 흔했다. 지금에 와서는 기억조차 가물가물하지만 철이 들 무렵이니 대충 45년 전, 집 앞부터 몇백 미터까지는 비포장도로였다. 마을에서 벗어난 곳이니 포장의 우선순위가 낮았으리라. 길에는 바퀴자국이 나 있고, 한가운데는 봉긋 솟아나 풀이 자라 있었으며, 비가 내리면 그 좌우로 물웅덩이가 생겼던 기억이 난다. 아이들은 그저 즐거울 뿐이었지만 어른들은 과연 어땠을까?

집에서 논 쪽으로 가보면 논두렁이나 농로 주변이 온통 물웅덩이였다. 물웅덩이는 투명한 물이 고여 있으며 바닥은 찐득찐득하고 고운 진흙으로, 낙엽이 가라앉아 있는 경우도 곧잘 있었다. 그리고 당시의 내게 물웅덩이란 하나라도 놓치지 말고 살펴봐야 할 대상이었는데, 가라앉아 있는 낙엽은 특히 주의 깊게 살펴봐야 했다.

"왓!"

쭈그려 앉아 미지근한 물속에 가라앉은 낙엽을 주워 든다. 붙잡자마자 꼼질꼼질 움직였다. 촉감도 전혀 다르다. 만지면 손가락에 힘없이 휘감기는 마른 나뭇잎 같은 느낌이 아니라 훨씬 두툼하고 단단하다. 역시나 의심한 대로다. 표면에 뒤덮여 있던 진흙이 걷히자 불그스름한 배 부분이 드러났다. 낫 같은 앞발을 휘두르며 도망치려 하지만 놓칠까 보냐.

물웅덩이에 숨어 있던 녀석은 장구애비라는 곤충이었다. 물웅덩이에 숨어서 호흡관을 물 위로 내놓은 채 낙엽 사이에서 숨을 죽이고 있는 녀석들이다. 어디에서나 자주 보이지만 물속에 숨은 포식자라는 점이 근사한 벌레인지라 발견하거든 저도 모르게 잡고 만다.

장구애비와 그 친척인 게아재비 및 물장군, 이 녀석들은 뭉뚱그려 말하자면 노린재 무리다. 얼굴을 자세히 보면 입 끝이 뾰족하게 튀어나와 있음을 알 수 있다. 요컨대 노린재와 마찬가지로 '찔러서 빨아먹는' 입인 것이다. 대부분의 노린재는 식물을 찌른다. 하지만 침노린재 같은 일부 노린재는 동물을 찌른다.

물장군, 장구애비, 게아재비 모두 올챙이나 개구리, 작은 물고기를 꽉 붙든 채 입을 찔러 소화액을 주입한 뒤, 녹은 살을 빨아먹는다. 저런 주삿바늘 같은 것으로 푹 찔러서 빨아먹는다니 상상만 해도 끔찍한데, 다행히 인간을 상대로 찌르려 들지는 않는다. 뭐, 만에 하나라도 그런 일이 벌어졌다간 큰일이니 입은 만지지 않았지만.

물론 이런 물웅덩이에 먹이가 그리 많으리라고는 볼 수 없다. 하지만 녀석들은 날 수 있다. 잠시 버텨봤음에도 먹잇감이 나타날 기색이 없거든 날아서 이동하면 그만이리라. 때로는 야간에 불빛으로 다가오는 경우도 있었다.

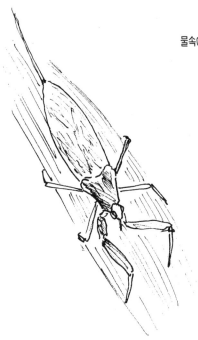

물속에 숨은 포식자 장구애비

먹이사슬로 따지자면 제법 상위권에 드는 이런 포식성 곤충들은 환경의 악화에 매우 취약하다. 애당초 곤충 자체가 농약에 약하기도 하지만 물가의 구조적인 문제도 크다.

현재 일본의 논에서는 개구리가 감소하고 있다. 가장 큰 이유는 아마도 수로 개량일 것이다. 수로를 깊게 파고 콘크리트로 굳혔다간 논과 수로가 격리되고 만다. 흡반을 지닌 청개구리라면 또 모를까, 다른 개구리는 수로에 떨어졌다간 두 번 다시 논으로 올라오지 못한다. 수로에서 자란 올챙이가 개구리로 변하더라도 수로 밖으로 나오지는 못한다. 내가 자란 때는 1970년대였으니 여전히 농약을 펑펑 뿌려대던 시대다. 그 무렵과 비교하더라도 지금이 훨씬 더 적다.

하천(저수지도 상관없다)·수로·논이라는, 본래 평면적으로 연결되어 있었던 세 개의 수역이 분단되었을 뿐이건만 이 정도 파괴력을 보인다. 어린 시절의 수로는 얕은 데다 주변도 돌담이나 흙이었기 때문에 개구리, 뱀, 반딧불이 유충까지 모두가 손쉽게 왕래할 수 있었다. 물론 농가의 노동력이 절감된다는 점을 부정하지는 않겠지만 깊은 수직 수로에는 이러한 문제점도 있다. 개구리나 벌레에게는 뭔가 발 디딜 곳만 있더라도 충분할 텐데.

내가 어렸을 때는 어디에나 장구애비가 있었다. 초등학교 풀장에도 있을 정도였으니까. 게아재비에게 매긴 등급은 '날씬하고 멋지지만 너무 평범', 장구애비는 '닌자 같아서 멋지지만 평범', 물장군은 '커다랗고 멋있어서 발견하면 반가움'이었다.

하지만 개구리가 줄어든 환경에서는 개구리나 올챙이

를 먹이로 삼는 생물도 살 수가 없다. 최근 약 20년 동안
은 장구애비조차 전혀 눈에 띄지 않는다.

## 비치샌들이라는 이름의 명품

고무장화에 이어 내 발바닥을 지켜준 물건은 바로 비치샌들이었다.

비치샌들은 경이로운 만능 아이템이다. 획 걸쳐 신고 바로 나갈 수 있다. 다리를 흔들어서 벗어버리면 그대로 집에 들어갈 수 있다. 비가 내리더라도 어차피 맨발이니 내버려두면 마른다. 끈이 젖어서 한동안 차갑긴 하지만 그 정도야 딱히 신경 쓰지 않는다. 강물에 들어가도 상관없다. 그대로 기슭으로 올라가서 논두렁을 지나 야규가도로 향하더라도 문제없다.

아니, 사실은 하나부터 열까지 모두 문제지만 그때는 아무렇지 않았으니 어린아이란 정말이지 무섭다.

그렇다 보니 초·중·고를 통틀어 구두를 신을 때는 학교에 갈 때뿐이었다. 나머지는 모두 비치샌들. 겨울에도 비치샌들. 무슨 옷을 입든 간에 비치샌들. 너무 추우면 양말을 신고 비치샌들. 꽤나 참신한 발상이다.

어린 시절, 나의 행동 범위라 하면 집을 나와서 논두렁을 지나고 샛길을 따라 계곡으로 내려간 다음 반대편으로 올라와서 풀숲을 가로지르는 식이었으니 확실히 수륙양용 신발인 샌들이 적합했다. 도감에 나와 있는 모범적인 '곤충채집을 나갈 때의 복장' 등을 보면 반드시 '장화나 운동화를 신읍시다'라고 쓰여 있지만 당치도 않은 소리, 익숙해지면 샌들 차림으로도 잘만 돌아다닌다. 풀숲에서 다리를 베이는 건 막을 방법이 없겠지만, 뭐, 그 정도 생채기는 여름방학의 부록이나 마찬가지다.

하지만 사고를 친 적은 있다.


5월경, 계곡 맞은편 논은 온통 연꽃으로 뒤덮여 있었다. 토끼풀일 때도 있었다. 겉으로 보기에는 '꽃밭'인지라 그대로 뒹굴고 싶을 정도지만 잊어서는 안 된다. 이

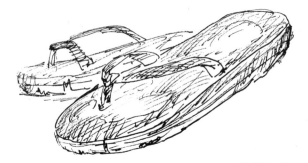
비치샌들은 수륙양용

런 장소는 이따금 빗물을 빨아들여 질척질척하게 변해 있기 때문에 뒹굴었다간 진흙으로 범벅이 된다. 논이니 물이 잘 빠질 리 없는 것이다.

논두렁을 지났다간 멀리 돌아가야 한다. 논 한가운데 를 가로지르자 아니나 다를까, 발이 진흙에 빠져서 썩은 지푸라기나 연꽃 이파리가 엉겨 붙는다. 하지만 지면을 느끼며 걷는다는 건 본래 이런 식이다. 뭣하면 맨발이라 도 상관없지만 역시나 맨발로 지면을 밟았다간 여러모 로 험한 꼴을 보게 된다. 하찮은 돌멩이라도 발바닥에 찍히면 제법 아프다.

발밑에서는 등에나 파리같이 작은 날벌레가 잔뜩 튀 어나온다. 풀떼기와 함께 벌레까지 걷어차는 셈이나 마찬가지다. 그러고 보니 풀밭에서 황로(황새목 왜가리과의 조류로, 이름에서 알 수 있듯이 몸에 누런색 깃털이 섞여 있다-옮긴이)가 소나 물소 같은 대형동물의 뒤를 따라다닐 때가 있다. 등에 올라타기도 한다. 튀어나오는 메뚜기 따위를 잡아먹으려는 것이다. 굳이 동물이 아니라도 트랙터든 뭐든 상관없다. 목초지에서 수확 작업을 지켜보고 있노라면 뒤에서 황로나 까마귀, 찌르레기가 졸졸 따라다닐 때가 있는데, 가끔은 여기에 솔개까지 합세한다. 그 커다란 맹금류가 느적느적 지면을 걸어 다니다 메뚜기를 잡아먹는 모습을 보면 그저 웃음만 나온다.

기분 좋게 풀 속을 걷고 있던 나는 발밑에서 부부붕…… 하는 소리가 들려왔음을 알아차렸다. 그리고 엄지발가락 밑에 뭔가가 닿았다는 사실도 깨달았다. 아뿔싸.

곧이어 오른쪽 발바닥 가운데 부근에서 불에 덴 듯한 통증이 일었다.

"아뜨!"

샌들을 벗어던지며 한쪽 발을 들어 올린다. 아니, 밟았을 때 얼핏 느끼긴 했지만 미처 걸음을 멈추지 못했다. 그 정체는 토끼풀에 앉아 있던 꿀벌이었다. 걷어차인 것도 모자라 샌들과 발바닥 사이에 끼이고, 급기야 꾹 밟히기까지 하자 결국 신변에 위협을 느껴 침으로 쏜 것이다.

빨개진 발바닥 가운데에 검은 점이 콕 박혀 있다. 벌 침이 남아 있으리라.

아무리 그래도 한 발로 선 채로는 어찌할 방도가 없기에 논 가장자리까지 걸어가서 자리에 앉은 뒤, 함께 있던 누군가에게 봐 달라고 했다. 정 안 되겠다 싶으면 재봉 바늘이나 접이식 칼 끄트머리로 찔러서라도…….

"아무것도 없는데."

"뭐?"

아무래도 그리 깊게 찔리진 않은 모양이다. 하긴, 만날 샌들만 신고 살았으니 발바닥은 꽤나 단련되었을 것이다. 꿀벌 정도의 힘으로는 제대로 찌를 수 없었던 걸까. 아프긴 아프지만.

이는 발바닥까지 훤히 드러난 데다 발뒤축도 고정되지 않아 덜렁거리는 샌들의 결점이긴 하다.

비치샌들은 미끄러지기 쉽다고 생각할지도 모르나 의외로 잘 미끄러지지 않는다. 신발 밑창 표면의 고무에는 일단 미끄럼 방지용 홈이 파져 있는데, 솔직히 말하자면 젖은 곳을 밟았을 때 수막이 형성되어 주르륵 미끄러지는 일이 없도록 물만 잘 빠지면 충분하기 때문에 그 점은 딱히 문제가 못 된다. 중요한 사실은 중창(신발 밑창과 깔창 사이에 있는 부분으로, 충격 흡수 등을 담당한다-옮긴이)이 푹신한 스펀지로 되어 있다는 점과 지면과의 접지 면적이 넓다는 점이다. 예를 들어 비치샌들을 신은 채 돌을 밟으면 돌의 형태에 맞게 밑창이 움푹 꺼지면서 넓은 면적으로 바닥과 접촉해 미끄러짐을 막아준다. 나머지는 소재에 따른 마찰계수의 차이겠으나 말랑말랑한 고무 소재는 마찰계수가 크다. 장점만 가득한 셈이다(쓸데없이 딱딱하면 안 됨).

뭐, 이러한 원리를 알기까지 온갖 시행착오를 겪기는 했지만.


"이런 방법도 있었구나!"

그것은 아버지가 사다준《Outdoor》라는 잡지의 DIY 특집이었다. 아버지가《산과 계곡》이라는 잡지를 정기구독하고 있었을 때, 당시 부정기 별책이었던《Outdoor》도 함께 서점에 도착했다. 그때는 당신도 등산에 대한 열정이 예전만 못했고 책의 방향성도 달랐기에 아버지는 "한번 읽어볼래?" 하며 내게《Outdoor》를 건넸다. 이후 정기간행물로 바뀐 뒤로도 아버지는《Outdoor》를 계속 사다 주었다.

'산행'과 '야영' 대신 '아웃도어'와 '캠핑'을 패셔너블하게 즐기자던 당시의《Outdoor》는 반쯤 패션잡지처럼 꾸며져 있었다. 그때의 특집은 DIY, 다시 말해 '뭐든 직접 만들어보자'였다. 그중에는 '닛산(日産) 사륜구동 트럭의 짐칸에 목제 캠퍼셸(캠핑 설비가 갖춰진 일종의 적재함-옮긴이) 설치하기'와 같이 '저러다 법에 걸리지 않을까' 싶은 내용도 있었다. 급기야는 '꿈에 그리던 오두막집을 직접 만들자' 같은 내용까지 있었는데, 그나마 쉽게 도전해볼 만한 것은 '웨이딩슈즈의 밑창을 고안해보기'였다.

웨이더(허리, 혹은 가슴까지 오는 장화)라면 물가에서도 잘 미끄러지지 않는 펠트 밑창이 일반적이다. 아니면 평범한 고무장화 같은 밑창이거나. 하지만 웨이더는 덥다. 한여름이면 아무 운동화나 신고 첨벙첨벙 물에 들어가더라도 무방하지 않나. 다만 밑창에만큼은 머리를 써보자! 일본의 계류낚시꾼이나 산에서 일하는 사람들은 고무장화에 새끼줄을 감지만 Outdoor라면 훨씬 멋지고 패셔너블하게!

이러한 취지에서 교환용 펠트 밑창을 사서 붙이기, 시판되는 펠트를 여러 장 덧대 붙이기, 철수세미 붙이기(!) 등의 제안이 게재되어 있었다. 철수세미는 꽤나 충격적이었다. 하지만 재미있어 보인다. 무엇보다 펠트 밑창과는 다르게 돈이 들지 않으니까.

그래서 바로 집에 있었던 낡은 철수세미를 풀어헤쳐

서 양철가위를 이용해 썩둑썩둑 반으로 자른 다음, 비치샌들 밑창에 접착제를 잔뜩 발라 붙여보았다. 평범한 본드를 썼다간 금세 떨어질 것 같아서 조금 아깝지만 두 가지 액체를 섞어 쓰는 강력한 에폭시 접착제를 사용했다.

마르기를 기다리길 한 시간. 나는 무적의 계곡 전용 샌들로 다시 태어났을 비치샌들을 신고 마당으로 걸음을 내디뎠다.

걸어보니 발을 뗄 때마다 잘그락거리는 소리가 난다. 그리고 밟는 느낌도 쓸데없이 폭신폭신하고 불안하다. 뭔가가 신발 바닥에 달라붙은 듯한 느낌이다. 아니, 문자 그대로 신발 바닥에 달라붙어 있긴 하지만.

돌을 문지르는 소리도 난다. 젖은 콘크리트 위에서 발을 힘껏 내딛자 치익, 하는 소리와 함께 보기 좋게 미끄러졌다. 윽, 뽀글뽀글한 철수세미라도 여기선 미끄러지는구나. 거친 아스팔트에서는 드드득, 하고 걸린다. 너무 잘 걸려서 수세미가 풀려버린다. 풀에도 걸린다. 앞축 부분이 떨어졌다. 아무리 에폭시라도 이렇게 접착 면적이 좁아서야 완벽하게 고정할 수는 없어 보인다. 벗겨진 부분이 말려들어 가자 한층 더 촉감이 폭신폭신해진다. 밑창이 두꺼워져서 도저히 걸을 수가 없었다.

나는 그대로 집으로 돌아와 말없이 철수세미를 떼어냈다. 고생해서 붙인 수세미는 황당하리만치 맥없이 떨어졌다. 이래서야 새끼줄이라도 감는 편이 그나마 나을 지경이다.

그 뒤로 '조각칼로 밑창에 홈을 새겨보기' 등의 방법도 시도했지만 딱히 효과가 있어 보이지는 않았다. 결국 나는 개조하지 않은 비치샌들을 그대로 계속 신었다.

# 이 계곡 물은 어디서 시작될까?

○

집 뒤편 논두렁과 이따금 꿩이 나타나는 덤불 옆을 지나서 계곡으로 향한다. 가파른 샛길을 내려가면 강이 나왔다. 징검돌을 따라 맞은편 기슭까지 갈 수도 있고, 작은 자갈밭도 있다. 고작해야 폭이 2미터밖에 안 되는 강이니 자갈밭도 폭은 겨우 1미터 정도지만.

작은 계곡이지만 생물은 풍부하다. 물속의 돌을 뒤집어보면 돌에 딱 달라붙은 하루살이 유충이 꼼지락거리고 있다. 납작하루살이라는 이름처럼 납작하다. 정확히는 몸통 양옆에 튀어나온 아가미 때문이지만.

전체적으로 매끈매끈한 방추형인 민하루살이, 적갈색을 띠며 등에 노란색 줄무늬가 들어간 빗자루하루살이도 있다. 모래를 떠서 찾아보니 무늬하루살이도 있었다. 수생곤충에 딱히 관심은 없었지만 선물로 받은 제물(털바늘)낚시 패턴북 덕분에 절로 알게 되었다.

　물에서 살아가는 하루살이 유충은 돌 위로 기어오르거나 수면을 떠다니다 우화하여 날아오른다. 번데기 단계를 거치지 않는 불완전변태지만 신기하게도 하루살이에게는 아성충이라는 단계가 있다. 유충은 우화하면 성충과 꼭 닮은 아성충이 되고, 아성충은 풀 따위에 앉아 다시 한번 탈피하여 진정한 성충으로 거듭난다. 만약 집

납작하루살이 유충

문이나 창문에 하루살이 성충처럼 생긴 허물이 붙어 있다면 그것은 아성충이 남긴 것이다. 아성충은 오로지 수면에서 벗어나기 위한 일시적인 모습이다.

모래알을 모아서 돌 밑에 통처럼 생긴 집을 짓는 녀석은 날도래 무리다. 부모는 작은 나방처럼 생겼지만 유충일 때는 작은 돌이나 모래알, 낙엽으로 만든 집에 숨어서 산다.

돌을 뒤집어보는 사이에 흥이 오른 나는 물속에 첨벙 뛰어들어 오른손으로 돌을 집어 확인하며 왼손으로는 물속에 있는 돌을 뒤적거린다. 이렇게 리듬이 생기면 생물 탐사도 효율이 높아진다.

커다란 돌을 휙 뒤집자 밑바닥에서 큼직한 곤충이 움직였다. 하루살이처럼 연약하고 못 미더운 느낌이 아니라 훨씬 튼실한 인상이다. 몸길이도 3센티미터 정도나 된다.

강도래다! 희귀하지는 않지만 이렇게 큰 녀석은 흔치 않다. 뭘까, 오야마강도래였을까.

물고기의 형체가 강물 속을 쏜살같이 헤엄쳤다. 갈겨니다. 이 강에는 갈겨니가 산다. 보통은 10센티미터 안짝이지만 상류 쪽 깊은 물에는 20센티미터 정도나 되는 큰 놈도 살고 있다. 하지만 재빠른 탓에 좀처럼 잡히지 않는다. 미꾸리나 밀어(망둑엇과의 민물고기로, 몸길이는 4~12센티미터 정도-옮긴이)는 잘 잡히는데.

이런 식으로 언제나 즐겨 놀던 강이었지만 그 전체적인 모습을 알아보기로 마음먹은 것은 초등학생 때였다.

평소에 자주 찾던 집 근처 강가를 거꾸로 올라가면 다리가 나오는데, 그 다리 밑을 지나서 제방 하나를 넘으면 거기서부터 다시 강을 거슬러 올라갈 수 있다. 계속해서 나아가다 보면 강물의 흐름이 갑자기 잔잔해진다. 모래와 진흙이 고인 어둑어둑한 물웅덩이다. 생물의 기척은 없다. 널찍하고 얕은 강물에 쓰러진 나무만이 고요히 가라앉아 있었다. 우와, 이런 곳에는 뭔가 있을 게 분명해. 《파충류·양서류 도감》에서 오스트레일리아악어(존스턴악어)가 떼 지어 있던 사진이 딱 이런 곳이었다. 《소년왕자》라는 그림 동화에서도 뭔가 무서운 녀석이 나오지 않았던가. 머리로는 그럴 리 없음을 알고 있었지만 고인 물의 미지근한 온도 때문에 기분이 찝찝했다.

걸음을 내디딜 때마다 샌들이 진흙에 빠져서 발가락 사이까지 물컹한 진흙으로 채워진다. 샌들이 벗겨지지 않도록 발가락으로 샌들 끈을 움켜쥔 채 쏙 뽑아내자 물속에서 진흙이 둥실 떠오른다. 고개를 돌려보니 뒤쪽에는 나의 발자국과 여전히 물속을 떠다니는 진흙이 남아있었다. 발목에 뭔가가 찐득하게 들러붙었다. 화들짝 놀라 펄쩍 뛸 뻔했지만 알고 보니 가라앉아 있던 낙엽이 떠내려와 다리를 건드린 것뿐이었다.

이곳을 지나서 조금 더 이동하자 또다시 등장하는 제방, 그다음은 마치 절벽 같아서 지나갈 수 없다. 이 강에서 유일하게 밟아보지 못한 곳은 여기서부터 야규 가도 입구로 이어지는 구간뿐이다. 어떻게든 제패해보려 했지만 역시나 이곳은 돌파할 수 없다. 하다못해 여기가 어디인지만이라도 확인해두자.

물에서 나와 젖은 발 그대로 강가 비탈길을 오른다. 제법 힘겹다. 처음에는 오를 만했지만 낙엽 때문에 발밑이 주르륵 미끄러진다. 이런, 손으로 붙잡으면서 오르지 않으면 떨어지겠어.

비치샌들 앞축을 낙엽더미에 찍어서 억지로 디딜 곳을 만든다. 삼나무 낙엽이 섞인 검은 흙을 발가락으로 움켜쥐며 한 걸음씩 몸을 끌어당긴다. 높이는 몇 미터 정도겠지만 뒤로 넘어졌다간 나름 위험하다.

붙잡은 풀이 뿌리째 뽑힌다. 황급히 다시금 줄기를 움

켜쥔다. 이 느낌이라면 괜찮을까? 흑갈색 지면이 코앞까지 와 있다. 파헤쳐진 축축한 검은흙의 냄새가 난다. 젖은 맨발에 흙과 진흙이 들러붙어 기분이 찝찝했지만 흙을 털어내 봐야 어차피 곧바로 진흙 범벅이 될 테니 지금은 별 수 없다.

올라와 보니 어느 집 뒷마당이었다. 아무리 그래도 남의 앞마당을 가로지르기는 조금 망설여진다. 좌우를 둘러보니 옆집과의 사이에 좁은 골목이 있어서 그곳을 지나기로 했다.

나와 보니 야규 가도의 입구와 인접한 도로였다. 와아, 여기까지 올라왔구나! 조금만 더 갔으면 전부 제패할 수 있었는데!

여기서부터 다키자카 길은 계류를 따라 쭉 이어진다. 절벽에 새겨진 석일관음과 조일관음을 보고 목 잘린 지장보살 앞을 지나자 계곡을 거슬러 올라가는 '탐험'은 갑작스레 끝이 났다. 눈앞에 보이는 묘하게 근대적인 파이프와 펌프를 지나 제방 위로 올라가 보니 널따란 저수지가 나왔다. 집 뒤쪽 계곡은 이 연못에서 시작되었던 것이다. 이 탐험에서 수륙양용 비치샌들은 톡톡히 제 몫을 해냈다.

비치샌들을 신은
개구쟁이

○

　돌아가는 길은 줄곧 내리막이다. 처음에는 잰걸음으로 걸었지만 참지 못하고 달리기 시작한다. 돌층계, 자갈, 자갈 다음에는 저 바위 위! 그다음에는 저쪽까지 점프! 다음에는 길 반대편 저쪽, 그다음은 푹 패어 있으니까 이쪽으로! 그대로 갔다간 강으로 떨어지니 왼발을 들어서 깽깽이걸음으로 속도를 늦춘 다음에 다시 지면을 박차고 앞으로. 그러면 급경사가 나온다. 우와, 디딜 곳이 없어! 과감하게 지면을 박차 가능한 한 낮고 멀리 뛴다. 발밑으로는 지면이 흐르고 있다. 착지하자마자 바닥을 확인한 다음 오른발을 앞으로 내밀어 또다시 점프. 아니, 비행한다. 공기부양선처럼 지면을 스칠 기세로 활주하는 느낌이다. 신경을 집중시킨 발끝이 욱신거린다. 좋아, 여기다! 다리를 힘껏 뻗어 지면을 박차고 또다시 활공한다.

공중에서 샌들이 비뚤어졌다. 위험하지만 고쳐 신을 수는 없으니 그대로 착지. 뒤꿈치가 돌에 콱 찍히자 발목부터 무릎까지 충격이 전해진다. 순간적으로 눈물이 핑 돌았지만 다시금 발가락을 샌들 끈에 제대로 끼우고, 속도를 죽이며 그 기세로 발을 샌들 끝까지 밀어 넣는다. 발이 엉켜서 넘어질 뻔했지만 지면을 박차고 껑충껑충 뛰어서 피한다.

"조심해!"

따라오던 다케우치 씨는 한참 뒤에 있다. 야규 가도에서 내려가는 길이라면 누구에게도 져본 적이 없다. 어른들은 왜 저렇게나 걸음이 느린 걸까. 조금 기다리자는 생각에 평평한 곳에서 몸을 옆으로 비틀어 촤라락 미끄러지며 멈춘다.

집으로 돌아와 샌들을 벗어던지고 현관으로 올라왔더니 어머니가 소리쳤다.

"잠깐 스톱! 걸레 가져올 테니까 발 닦을 때까지 움직이면 안 돼!"

그리고 지금, 아웃도어 용품점에서 신발을 고르며 신고 있는 건 대만에서 산 스포츠샌들이다(일본에서 살 때보다 조금 저렴했다). 스포츠샌들은 예전에 신었던 비치샌들의 결점인 '뒤꿈치 까짐'을 극복해낸 완벽한 신발이다. 하지만 지금은 내가 더 나약해지고 말았다. 풀숲에서 다리가 상처투성이가 되는 사태는 가급적 사양하고 싶고, 산거머리가 득실거리는 숲을 샌들 차림으로 걸어야 하는 상황도 피하고 싶다.

이렇게 야생을 잊어버린 육체를 보완하기 위한 최첨단 신발을 '이것도 아냐, 저것도 아냐' 하고 뒤적이면서도 마음만큼은 문득 그 시절을 떠올리고 있었다.

**하다못해 맛있게라도**

수컷은 암컷에게 먹이를 내밀어 구애하지만
암컷이 먼저 요구하기도 합니다.

# 벌레벌레
# 대행진

장수풍뎅이,
사슴벌레, 말벌,
방패벌레, 사마귀,
개미, 차독나방

●

　도시살이도 나쁘지만은 않다. 도쿄에 와서 그 사실을 실감한 때는 이사를 온 당일이었다. 그도 그럴 것이 고향 같았으면 가장 가까운 편의점까지 걸어서 13분, 심지어 돌아올 때는 줄곧 오르막길이다. 반면 도쿄는 걸어서 3분. 밤중에 갑자기 볼일이 생기더라도 아무런 문제가 없다고.

　미적지근한 한여름 밤, 딱히 볼일은 없었지만 그런 생각을 하며 편의점으로 향했다. 걷고 있으려니 길 반대편에서 곤충 한 마리가 날아들었다.

제법 크다. 대형 풍이나 장수풍뎅이 암컷, 혹은 애사슴벌레 같은 느낌이다. 그렇게 생각했지만 '아니지, 도쿄에 장수풍뎅이나 사슴벌레가 있을 리 없잖아' 하고 마음을 고쳐먹는다. 빛깔이 어두운 데다 금속 같은 광택이 없다.

배 언저리에 툭 부딪힌 녀석은 땅바닥에 떨어지더니 당황한 듯 도로로 샤사삭 도망쳤다.

먹바퀴였잖아. 도쿄에 온 건 실수였는지도 모르겠는걸.

아이가 어릴 때 사족을 못 쓰는 벌레라면 당연히 장수풍뎅이와 사슴벌레일 것이다. 물론 나 또한 예외는 아니다.

고향집은 산이 근처였다 보니 장수풍뎅이나 사슴벌레는 당연히 있었다. 잡으러 가지 않아도 알아서 창가로 날아들고는 했다. 다만 찾아오는 녀석은 장수풍뎅이나 애사슴벌레 정도로, 큰 놈은 거의 나타나지 않았다. 장수풍뎅이는 충분히 덩치가 컸지만 등급은 '굉장하지만 살짝 아쉬움'이었다. 애사슴벌레는 '사슴벌레라서 좋긴 한데 작아서 보통'이었다. 나는 사슴벌레파였기 때문이다.

　장수풍뎅이가 좋은지 사슴벌레가 좋은지는 사람에 따라 의견이 나뉜다. 이 간극은 너무나도 근원적이기에 메우기 어려운 법이다. 나는 장수풍뎅이의 '크다, 동그랗다, 누가 봐도 강하다'는 점보다 사슴벌레의 낮은 자세와 열렸다 닫혔다 하는 큰턱이란 멋진 무기를 더 좋아했다. 톱사슴벌레나 참사슴벌레의 겹눈 위로 튀어나온 돌기도 표정을 매섭게 만들어준다는 점에서 근사했다. 장수풍뎅이의 얼굴은 그렇지 않다.

　어린 시절, 친구들 사이에서는 '장수풍뎅이와 사슴벌레가 싸우면 누가 이길까'가 영원한 화제였다. 뭐, 실제로 붙어보면 대개는 체중이 무거운 장수풍뎅이가 이기지만, 어찌어찌 상대를 들어 올리기만 한다면 사슴벌레가 장수풍뎅이를 내던지는 경우도 있다. '최애 벌레'를 초등학교에 가져와서 싸움을 붙인 적도 있었다. 이 주제에 매료되어 연구를 한 것도 모자라 책까지 낸 대학원 후배도 있다. 좌우지간 '뿔이 달린 녀석은 멋지다'라는 열정만으로 연구자까지 된 지극히 순수한 친구다(겉모습은 살짝 우락부락하지만). 그의 말에 따르면 장수풍뎅이는 위아래 뿔에 상대방을 끼운 다음 내동댕이치거나 던져버리는 것이 비장의 기술이라고 한다. 잽싸게 뒤로 물러나 유리한 위치를 점할 수 있는지 없는지도 사슴벌레에게는 중요하다나.

어린 내게 친숙한 사슴벌레라 하면 애사슴벌레와 톱사슴벌레였다. 애사슴벌레는 귀여워서 좋아했지만 자랑하기에는 작았고, 그다지 강해 보이지도 않았다. 톱사슴벌레는 강하기는 해도 어쩐지 '딱 전형적인 사슴벌레'라는 느낌이 들어서 조금…… 그랬다. 금색 털로 뒤덮인 참사슴벌레는 톱사슴벌레보다 고귀하면서도 강해보였기에 동경의 대상이었지만 아쉽게도 집 근처에는 없었다. 옆동네에 살던 친구는 열 받게 참사슴벌레만 잡아와서는 자랑을 해댔다. 그 일대에서는 무척 흔하다고 했다.

적어도 우리 초등학교에서는 톱사슴벌레를 '물소'라고 부르기도 했다. 모든 학교에서 통한 이름은 아니었으니 그야말로 동네 단위의, 지극히 지역적인 별명이었으리라. 쑥 구부러진 커다란 큰턱이 물소의 뿔을 연상시킨다는 점에서 보자면 이해가 간다. 톱사슴벌레는 덩치가 크고 난폭해서 붙잡으면 냉큼 손가락을 꼬집는 녀석인데, 그런 거친 면도 성난 소 같았다.

톱사슴벌레 중에는 붉은 빛이 강한 녀석이 있다. 내가

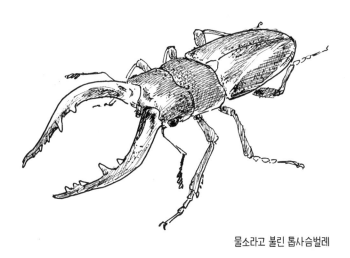
물소라고 불린 톱사슴벌레

살던 동네 주변에서는 고작해야 적갈색 정도였지만 친구가 잡아온 톱사슴벌레 중에는 앞날개 정중앙이 마치 에어브러시를 뿌린 것처럼 새빨간 녀석이 있었다. 이런 톱사슴벌레는 빨간 소라고 불렸다. 개중에는 "빨간 소가 더 강하다"고 주장하던 친구도 있었는데, 확실히 특별하다는 느낌이 들어서 강해보였다. 막상 싸움을 붙여보니 딱히 강하지도 않았지만.

뒷산으로 벌레를 잡으러 갔다가 딱 한 번, 처음 보는 사슴벌레를 발견한 적이 있다. 땅딸막하고 납작하며 밋밋하고 새까만 녀석이었다. 애사슴벌레를 옆으로 늘이고 큼직하게 키워놓은 느낌이다. 크기는 제법 컸다.

어쩌면 왕사슴벌레 아닐까? '왕'이 붙는 녀석은 그 자체로 진리다. 그야말로 '왕' 사슴벌레인 것이다. 친구가 "잡아본 적이 있다"며 자랑했던 그 왕사슴벌레일까?

하지만 이 녀석은 왕사슴벌레라고 부를 정도로 크지는 않았다. 지금 생각해보면 사슴벌레의 크기는 유충 시절에 먹은 먹이의 양에 따라 크게 좌우되니 작다는 점이 왕사슴벌레가 아니라 할 근거가 될 수는 없겠으나, 크기를 떠나서 어쩐지 왕사슴벌레 같지는 않았다. 아마도 큰턱의 형태가 다르다는 사실을 깨달았기 때문이리라.

아무튼 잡아서 가지고 놀다 엄지를 꽉 물렸다. 아얏! 엄청나게 아프다. 큰턱의 뿌리 근처에는 가시처럼 툭 튀어나온 이빨이 있는데, 요 녀석이 손톱에 제대로 파고든 것이다. 사슴벌레를 보면 손톱을 물게 해서 얼마나 힘이 센지 시험해본 적은 누구나 있을 테고, 그러다 손톱에 이빨 자국이 남는 경우도 일상다반사였지만 이 녀석은 남달랐다. 간신히 떼어냈지만 손톱에는 구멍이 뻥 뚫렸고, 손톱 밑은 내출혈 때문에 검붉게 변해 있었다.

이 수수께끼의 사슴벌레를 가지고 돌아와 도감을 찾아보니 아무래도 넓적사슴벌레인 듯했다. 학교로 가져

갔더니 "이런 건 처음 봐"라며 화제가 되기는 했어도 "굉장하다"라는 말까지는 나오지 않았다. 당시 넓적사슴벌레라면 '왕사슴벌레의 짝퉁' 취급이나 받던 시시한 녀석이었던 것이다. 이름부터 '넓적한 사슴벌레'라서야 '왕'이나 '톱'이나 '참'에는 이길 재간이 없다. 결국 원래 있던 산에 풀어주고 말았다.

지금이라면 야생 상태의 넓적사슴벌레는 왕사슴벌레 못지않게 커지고, 기운이 넘치며 호전적이라는 사실도 잘 알려져 있다. 그대로 계속 길렀다면 학교 최강의 사슴벌레로 군림했을지도 모르는 일이지만, 뭐, 개체 수도 많지 않으니 놓아준 건 옳은 선택이었으리라.

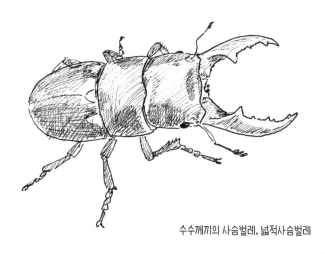

수수께끼의 사슴벌레, 넓적사슴벌레

○

'사슴벌레를 찾으러 가자!'라고 할 때면 집에서 1킬로미터 정도 떨어진 잡목림이 인기였다. 그곳에는 상수리나무가 많아서 다가가 보면 수액 특유의 냄새가 났기 때문이다. 사슴벌레를 노리는 아이들은 이 냄새를 결코 놓치지 않는다. 기억해두었다가 머릿속의 '곤충채집 지도'에 추가해둔다.

손전등과 잠자리채, 채집통을 들고 밤중에 집을 나와서는 길에서 숲속으로 들어가 손전등으로 비춘다. 역시, 뭔가 있었다. 장수풍뎅이 암컷, 애사슴벌레, 풍이, 풍뎅이…… 뭐, 풍뎅이가 더 많은 게 당연하다. 보통은 구릿빛으로 빛나는 구리풍뎅이나 초록색으로 빛나는 청풍이 정도다.

"우왓, 말벌이다!"

사촌이 소리치자마자 부웅……! 하는 날갯소리가 울려 퍼졌다. 말벌이 날아오른 것이다. 디딜 곳이 마땅찮은 숲 속 비탈에 황급히 몸을 웅크렸다. 말벌이 순찰을 도는 높이는 1미터 이상으로, 낮은 위치에 있는 상대는 무시한다. 주의를 끌기 전에 웅크리면 노려질 일은 없다.

주변의 나무를 둘러보았지만 그다지 쓸 만한 녀석이 없다. 기껏해야 애사슴벌레나 톱사슴벌레 중에서도 돼지(일본에서 암컷 사슴벌레, 혹은 수컷이지만 큰턱이 작은 개체를 부르는 말)뿐이다. 장수풍뎅이 수컷도 있지만 썩 마음에 들지 않는다.

손전등으로 높은 곳까지 비춰본다. 찌르르르, 하고 울며 날아간 녀석은 유지매미다. 잽싸게 나무줄기 뒤로 돌아간 녀석은 맴도리거저리다. 맴도리거저리는 풍뎅이처럼 생겼지만 다리가 길어서 걸음이 빠르다. 오호, 작지만 빨간 반점이 나란히 박힌 녀석을 찾았다. 사슴벌레를 확 줄여놓은 듯한 생김새다. 네눈박이밑빠진벌레다. 크지는 않아도 멋진 벌레다. 하지만 잡아서 기를 정도는 아니다.

나무에 난 구멍을 들여다본다. 이런 곳에 뭔가가 숨어 있는 경우도 있기 때문이다. 하지만 오늘 밤에는 아무것도 없다. 참고로 무턱대고 손가락을 넣어서는 절대 안 된다. 지네가 있을지도 모른다.

계속해서 찾아보지만 눈에 띈 녀석은 하늘소뿐이다. 하늘소도 멋진 벌레지만 역시나 사슴벌레만 못하다. 아이들 사이에서는 사슴벌레나 장수풍뎅이가 1, 2위를 다툰다면(어느 쪽이 1위인지는 사람마다 다르다) 대형 하늘소가 그 뒤를 따르는 법이다. 참나무하늘소라면 크기도 크고 얼굴도 무시무시한 데다 두꺼운 종이도 거뜬히 뚫어버릴 만큼 턱 힘도 세다 보니 아이들에게는 슈퍼 히어로가 따로 없다. 잡기 힘들게 어깨 부근에 가시가 나 있다는 점도 멋지다.

이 녀석의 다음 주자가 바로 버들하늘소나 뽕나무하늘소같이 조금 수수하지만 덩치 큰 녀석들이다. 알락하늘소쯤 되면 크기도 작고 수도 많으므로 등급은 '보통보다는 조금 나음' 정도로 크게 떨어진다.

작은 참나무하늘소를 잡았다. 손가락으로 붙잡은 채 끽끽끽끽 우는(정확히는 체절을 비벼서 소리를 내는 것이다) 모습을 보고 있으려니 사촌이 내게 제안했다.

"발로 차보면 뭔가 떨어지지 않을까?"

옆에 있던 나무둥치를 걷어찼다. 확실히 이러다 보면 장수풍뎅이 같은 벌레가 툭 떨어지기도 한다. 둘이서 두 번, 세 번 걷어차고 있으려니 뭔가가 마른 잎 위로 풀썩, 하고 떨어졌다. 풀썩? 엄청 묵직한 소린데?

손전등을 비춘다. 그곳에는 50센티미터 정도의 가느다란 뭔가가 똬리를 튼 채 굽은 목을 치켜들고 있었다. 등에는 동그란 반점이 나란히 박혀 있다.

"살무사다!"

사촌이 소리를 지르며 다급히 숲에서 뛰쳐나갔다. 살무사가 나무에 오르는 녀석인지 아닌지 아직까지 의문이기는 하나 녀석은 확실히 살무사처럼 보였다. 저런 녀석이 떨어졌는데 곤충채집은 무슨. 오늘 밤은 여기까지!

# 대도심 속 수수께끼의 벌레

○

도쿄로 이사를 온 뒤로는 어쩐지 벌레가 통 안 보인다 싶었다. 아니, 실제로는 이사를 와서 창문을 열자마자 마주치긴 했지만 흰줄숲모기와 빨간집모기였으니 그렇게 생각할 만도 하지. 요컨대 평범한 모기라는 뜻이다. 썩 반갑지 않다. 그다음이 앞서 등장한 바퀴벌레였다. 역시나 반갑지는 않다.

하지만 아무리 도쿄라도 그렇게까지 삭막하지만은 않다.

박물관은 어디나 마찬가지지만 내가 근무하던 박물관

에서도 꾸준히 해충 모니터링을 하고 있다. 박물관 곳곳에 곤충 덫(유인제를 쓰지 않는 바퀴벌레 끈끈이 같은 것이다)을 설치해놓고 체크를 한다는 말이다.

평범한 빌딩에서 실시하는 해충 검사라면 바퀴벌레나 파리가 대상이겠지만 박물관은 조금 다르다. 곤충 중에는 권연벌레나 수시렁이처럼 마른 풀이나 건조한 시체를 먹는 녀석도 있는데, 녀석들에게는 식물 표본이나 박제 표본도 '마른 풀이나 건조한 시체'다. 발견했다면 대량으로 번식하기 전에 발생 장소를 찾아내 대책을 세워야지 그러지 않았다간 거침없이 표본을 파먹어버린다.

그날 아침 역시 출근해서 박물관 안에 들어서자마자 문 옆에 놓아둔 덫을 집어 들었다. 이렇게 외부와 직결된 문 근처는 특히 주의해야 한다. 출입구는 벌레가 침입하는 길이기도 하다. 열고 닫을 때마다 공기와 함께 곤충이 침입한다. 밖에서 들어오는 사람의 옷이나 짐에 붙어서 숨어들기도 한다. 하지만 여기서 발견된다면 그나마 다행이다. 출입구에 없었던 곤충이 관내에서 대량으로 발견되었다면 이는 '관내에 발생원이 있다'는 끔찍한 사실을 암시한다.

아무튼 덫을 유심히 바라보니 빨간집모기나 모기붙이

는 그렇다 치고, 그 외에도 뭔가가 걸려 있었다.

이건 뭘까. 겨우 몇 밀리미터밖에 안 되는 작은 곤충인데, 거의 본 적이 없는 모습이다. 들고 다니는 돋보기로 확대해보니 바이올린벌레처럼 날개가 수평이었다. 물론 바이올린벌레일 리는 없다. 녀석은 동남아시아가 원산지이며 이렇게 작지도 않다. 순간 나무이인가 싶기도 했지만 아니다. 나무이를 보면 딱 매미나 진딧물의 친척일 것처럼 생겼다.

이 벌레는 날개부터 가슴까지가 묘하게 납작해 보인다. 이 얄팍하고 평평한 느낌이 바이올린벌레처럼 보이는 이유이리라. 이건 대체 뭘까. 뿔매미일까? 뿔매미는 '비현실적인 벌레'라고 불릴 만큼 신기하게 생긴 벌레다. 하지만 지금 눈앞에 보이는 이건 뿔매미가 아닌 듯하다. '등의 별난 구조' 외에는 닮은 구석이 없다. 어쩌면 곰팡이라도 슬어서 생김새가 이상하게 보이는 것뿐이지 않을까?

넷째로 회수해서(덫에 딱 들러붙어 있기 때문에 벌레만 회수하기는 무리다) 실체현미경으로 관찰했다.

날개는 투명하며 날개맥이 촘촘하게 새겨진 탓에 거품이 일어난 것처럼 보인다. 그리고 가슴 뒷면에 달린…… 이걸 뭐라고 하면 좋을까. '박 터뜨리기에 쓰는 박을 반으로 딱 쪼개놓은' 듯한 형태다. 처음에는 허물처럼 등이 갈라진 흔적인가 했지만 그게 아니라 처음부터 이런 구조인 듯하다. 앞날개가 특수한 형태인가 싶었으나 찬찬히 살펴본 결과, 쪼개진 박처럼 생긴 장식이 날개와는 별개로 달려 있는 것이라 판단했다. 뭐지, 이 신기한 곤충은?

필시 노린재목의 일종이라 생각해 도감을 펼쳤다. 아냐, 이 녀석도 아니고, 요 녀석도 아니고…… 이 녀석이구나!

방패벌레. 도감에 나온 종과는 다른 모양이지만 방패벌레 무리가 분명하다. 아하, 평평한 날개를 방패에 빗댄 건가. 먹이는 종에 따라 다르지만 모두 살아 있는 식물이다. 적어도 표본을 훼손하는 벌레는 아닌 셈이다. 일단은 안심이다.

여기서 끝내더라도 무방하겠으나 생물 전문가로서는 무슨 종인지 정확히 알아내야 속이 후련하다. 방패벌레 무리로 좁혀서 검색했다.

곰취방패벌레…… 아니다. 덫에 걸린 녀석은 가슴 부분이 이렇게 볼록하지 않다. 국화방패벌레, 이것도 아니

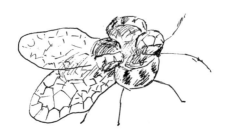

박물관에 숨어든 방패벌레

다. 배나무방패벌레도 아니다. 날개의 무늬도 그렇지만 특유의 등에 달린 장식의 생김새가 어느 종과도 일치하지 않는다. 호오? 뭔가 희귀한 녀석인가?

이런 상황에서 대충 어림짐작하기에는 인터넷 그림 검색이 정말로 편리하다. 이건가? 싶은 사진을 찾아내 그 사진을 단서로 도감과 대조해보면 된다. 이번에도 검색해서 화면을 살펴보는 와중에 정체가 밝혀졌다.

덫에 걸린 녀석은 구렁내덩굴방패벌레라는 종이었다. 구렁내덩굴은 고향집 주변에도 있었던 덩굴식물이다. 통처럼 생긴 꽃이 피는데, 해괴한 냄새가 난다는 이유로 '구렁내덩굴'이라는 안쓰러운 이름이 붙었다. 이 덩굴을 먹기 때문에 구렁내덩굴방패벌레라고 부르는 듯하다.

더욱 놀라운 것은 구렁내덩굴방패벌레가 외래종이라는 사실이었다. 최근 일본에서 폭넓게 발견되기 시작했으며 도쿄에서도 드문 벌레는 아닌 듯하다. 그러니 도쿄에 있다는 사실 자체는 넘어간다 치자.

그런데 도대체 왜 도쿄역과 마주한 빌딩에 이 녀석이 있었는지 도통 모를 일이다. 어딘가에서 누군가의 옷이나 짐에 들러붙은 채 그대로 들어오고 말았을까. 아니면 옥상 녹화의 은혜를 입고 인근의 빌딩 옥상에 조용히 정착한 걸까?

나무 한 그루, 화단 하나라도 곤충에게는 꽤나 거대한 '세계'이므로 도달할 수만 있다면 그곳에 터전을 꾸리는 녀석도 적지 않다. 곤충은 상상 이상으로 강인하다.

○

여름의 막바지, 일을 마치고 박물관을 나와 퇴근하던 중에 집과 100미터쯤 떨어진 길 위에서 움직이는 뭔가를 발견했다. 바람에 날린 종잇조각 같은 움직임이지만 색깔이 다르다. 초록색인데?

사마귀다. 중형 사마귀가 날개를 펼친 채 반쯤은 날고, 반쯤은 바람에 쏠려가듯이 움직이고 있었다. 아니, 여기서 사마귀를 만나다니 별일인걸. 작게나마 밭이 있으니 일단은 살 수 있으려나?

그런데 이 사마귀는 무슨 종류일까. 왕사마귀나 한국

사마귀치고는 작다. 초록색 좀사마귀일까…… 잠깐만? 좀 다른데? 조금 더 큰 데다 어쩐지 통통하다. 그렇다면 넓적배사마귀인가? 하지만 날개가 조금 다르게 생겼다. 뭐랄까, 모시처럼 투명한 느낌이다. 그런 날개를 반쯤 치켜든 채 흔들어대고 있다. 위협하는 건가?

잡으려 하자 사마귀는 날개를 펼쳐 날아오르더니 몇 미터 떨어진 곳에 착지한 뒤, 또다시 휙― 날아서 밭 안쪽으로 도망치고 말았다. 제길, 놓쳤다. 어렸을 때처럼 한눈팔지 말고 바로 붙잡았어야 했는데.

저녁밥을 지으며 생각해보았다. 그 녀석은 정체가 뭐였을까? 특징을 하나씩 떠올려보지만 역시나 좀사마귀는 아니다. 앞다리 안쪽에 반점이 있었지만 색이 다르다. 조금 전 본 녀석은 검은 점이었다. 그렇다, 그게 뭔가 이상하다 싶었다. 좀사마귀였다면 앞다리의 반점은 희고 검은 색이며 가끔은 분홍색 비슷한 색일 때도 있다.

아마 넓적배사마귀도 아니리라. 날개 옆쪽의 반점이 보이지 않았다. 나머지는 애기사마귀와 좁쌀사마귀인데, 이 녀석들은 크기가 전혀 다르다. 애기사마귀만 하더라도 몸길이는 40밀리미터 정도인데 좁쌀사마귀는 20밀리미터도 되지 않는다.

맞아, 항라사마귀! 본 적은 없지만 이 녀석이 남아 있다. 어쩌면 바로 그 녀석이 항라사마귀 아니었을까?

이튿날, 곤충도감을 찾아보니 역시나 항라사마귀 같았다. 날개를 흔드는 듯한 동작 역시 항라사마귀가 위협할 때 자주 보여주는 행위라고 한다. 사마귀치고는 잘 난다는 내용을 보더라도 녀석이 맞는 것 같다. 투명한 느낌의 날개 역시 항라(亢羅. 명주, 모시 등을 이용해 짠 견직물-옮긴이)라는 이름대로였다. 뒷날개가 투명했다는 사실도 떠올랐다. 그래, 그게 바로 항라사마귀였구나. 초원성 사마귀라고 하던데, 호오, 그런 곳에서 보다니.

나중에 곤충 연구가에게 이야기를 들려주었더니 "엇! 그건 드문 일인데요!" 하며 놀랐다. 하천 부지에서 발견된 기록은 있긴 하지만 도쿄 도심부에서는 거의 사례가 없다고 한다. 이런, 어떻게 해서든 잡아둘 걸 그랬어!

일본의 환경에서 초지(草地)는 귀중한 공간이다. 내버려두면 금세 나무가 무성하게 자라 수림으로 변해버리기 때문이다. 수목의 성장을 뒷받침할 만한 우량과 기온이 있는 환경이기에 그렇다.

인간이 농경을 시작하기 전, 일본에서 초지라 하면 비가 내릴 때마다 물이 불어나 식물을 쓸어버리는 강가,

산불에 타버린 자리, 산사태가 훑고 지나간 흔적 정도였으리라. 농경을 시작하면서 '해마다 인간이 강제로 빈터로 돌려놓는 인위적 초지'인 농지가 생겨났다. 사람이 자주 다니는 논두렁이나 휴경지 역시 농지에 부속된 초지다. 인간이 고르기는 했지만 방치되어 있던 공터 따위도 인위적인 초지라고 할 수 있겠다.

현재 도시부에 그러한 빈터는 거의 전멸했다. 있었다 한들 유료 주차장으로 모습을 바꾸었을 테니 포장 때문에 풀이 자라지 못한다. 풀이 우거졌다 한들 어디선가 "보기 흉하니 관리 좀 해라!"라고 주장하는 사람이 나타나 꼼꼼하게 모조리 뽑아버리리라. 초지성 생물에게는 중대한 위기다.

사마귀를 좋아하는 대학 후배가 '가을의 요정'이라 불렀던 항라사마귀와는 안타깝지만 그 이후로 한번도 만나지 못했다.

잘 살펴보면 도처에 즐비한 녀석이 바로 개미다. 녀석들은 길잡이 페로몬을 사용해 동료를 유도하기 때문에 뭔가 맛있는 것을 내버려두면 어느새 개미의 행렬이 생겨나 있다. 혼잡한 개미의 행렬을 자세히 들여다보면 상행선과 하행선이 정확하게 나뉘어 있다. 하지만 이따금 역주행하는 녀석이 나타나 정체와 충돌 사고를 일으킨다. 길잡이 페로몬이 교통정리까지는 해주지 않는 모양이다.

페로몬이란 동물의 체외로 방출되어 극히 적은 양으

로도 다른 개체의 행동을 변화시키는 물질을 말한다. 화학물질을 사용한 신호, 혹은 구령이라고도 볼 수 있다. 페로몬이라 하면 매력적이다, 요염하다는 말이 떠오를지도 모르지만 이는 성 페로몬, 즉 동물의 교미 행동을 유도하는 페로몬에서 비롯된 이미지다. 길잡이 페로몬은 그야말로 화학물질을 사용해 지면에 그린 표지판이다.

인간의 감각에 따르자면 냄새라고 볼 수도 있겠지만 개미는 촉각에 달린 센서로 접촉해가며 페로몬을 감지해내므로 냄새라기에는 뉘앙스가 조금 다르다. 이러한 감각은 케모센스(화학적 감각)라고 하는데, 인간은 물질이 공기 중에 떠다닌다면 냄새로, 물에 녹아 있다면 맛으로 인식한다.

무엇을 어떻게 인식하는지는 동물에 따라 다르다. 예를 들자면 뱀은 혀를 날름거려서 모은 공기 중의 분자를 입천장에 있는 야콥손 기관으로 가져가 물질을 판단한다. 다시 말해 '혀로 냄새를 탐지'하는 셈이다. 뱀이 사용하는 이 방법의 장점은 쥐가 바닥에 남긴 냄새부터 근처에 있는 먹잇감의 냄새까지 혀를 이용해 똑같이 검출할 수 있다는 점이다.

개미의 행렬은 뜻하지 않은 광경을 부르기도 한다. 20년 쯤 전, 고향집 근처에 있는 좁은 길에서 제비 여러 마리가 내려와 있는 모습을 발견했다. 신기한 일이다. 제비가 지상으로 내려오는 경우는 둥지의 재료인 진흙을 모을 때 정도다. 물놀이도 비행하는 도중에 수면을 스쳐서 물을 튀기는 것이 고작이다. 하지만 둥지에 쓸 재료를 모으는 중이라기에는 이상하다. 포장된 도로 위에 진흙 따위가 있을 리 없다.

살짝 떨어져서 살펴보니 제비는 도로를 가로지르듯 나란히 서 있었다. 열심히 지면을 쪼아대고 있다. 뭔가 먹는 중인가?

그렇다, 이사하는 개미를 발견한 제비는 회전 초밥처럼 눈앞으로 흘러오는 먹이를 열심히 쪼아 먹고 있었던 것이다. 개미는 작은 주제에 딱딱하고, 개미산을 분비하는 데다 깨물기까지 하다 보니 썩 좋은 먹이라고 보기는 어렵다. 하지만 힘들이지 않고 얼마든지 잡을 수 있다면 그럭저럭 본전은 뽑을 만하리라. 이사 도중이거든 알이나 유충도 포함되어 있을 텐데, 그렇게 먹기 쉽고 영양가도 풍부한 먹이가 섞여 있다면 더더욱 그렇다.

나중에 제비와 관련된 문헌을 읽다 제비의 똥에 개미

가 섞여 있는 경우도 있다는 보고를 발견했다. 물론 개미는 교미를 위해 비행하므로 날아다니던 개미를 먹었을 가능성도 있다. 실제로 문제의 똥 분석에서도 개미의 날개가 발견되었다. 하지만 그날 보았듯이 모종의 이유로 지상에 올라온 개미를 모조리 먹어치우고 있었는지도 모른다.

어느 날, 여느 때처럼 집으로 돌아가 저녁밥을 지으려는데 부엌에서 개미가 행군을 하고 있었다. 아니, 이건 대체 뭘 노리고 있는 걸까. 행렬을 따라가 보니 가스레인지 밑에 있는 찬장으로 이어지고 있었다. 아차, 야단났네.

열어보니 아니나 다를까, 목표물은 설탕이었다. 얼마 전, 설탕 용기에 설탕을 보충한 뒤 도로 집어넣으면서 제대로 닫지 않은 듯하다. 봉지를 꺼내보니 안쪽까지 들어가지는 않았다. 조금 흘린 설탕의 냄새를 쫓아왔으리라. 봉지에 달라붙은 개미를 털어낸 뒤 설탕을 봉지째 진공 팩에 넣어 밀봉하고 냉장고 위로 피신시켰다.

이로써 개미의 진로는 차단했는데, 녀석들은 어디에서 온 걸까. 반대로 되짚어보니 부엌 바닥을 지나 벽으로 이어졌고, 그곳에서 다시 현관으로 향하고 있었다.

현관에는 개미가 어슬렁거리고 있었지만 행렬이라 할 정도는 아니다. 그렇다면 현관 어딘가에서 나타났다는 말이다.

찾아보니 현관 턱 뒤쪽에 빈틈이 있었다. 벽과의 사이에도 빈틈이 있다. 아마도 이 부근에서 올라왔으리라.

개미가 물러갈 때까지 잠시 기다렸다가 공구함에서 코킹재를 꺼내 빈틈에 채워서 막았다.

다음날 아침. 눈을 떠보니 발이 간지러웠다. 뭐지, 모기라도 들어왔나 했더니 개미 여러 마리가 이불 위를 돌아다니고 있었다. 젠장, 아직도 침입로가 남아 있었다.

그로부터 며칠간 나는 정신없이 코킹재를 발라댔고, 틈이 넓으면 에폭시 퍼티를 채워서 개미의 침입 경로를 막는 데 전념했다. 그 결과인지, 아니면 단순히 개미가 포기했을 뿐인지 마침내 개미의 침입은 끊어졌다. 상대는 상상을 뛰어넘을 만큼 우직하기에 막아내기란 보통 어려운 일이 아니다.

훨씬 단순하게 살충제를 써서 둥지까지 모두 섬멸하는 방법도 있지만 그렇게까지는 하고 싶지 않다. 집으로 들어오지만 않는다면 무해한 데다, 대량학살 병기는 너무나도 무자비하다. 게다가 개미도 나름 도움이 된다.

고향집 뒷마당에 있는 썩은 나무에 흰개미가 정착한 적이 있었는데, 어느샌가 개미가 흰개미의 둥지를 제압한 적이 있었다. 그러고 보니 예전에《곤충의 비밀》이라는 책에서 그런 일화를 읽은 적도 있었다. 이후로 고향집에서는 흰개미를 막아주는 문지기처럼 대우하며 개미에게 경의를 표하고 있다. 하지만 집안을 돌아다녔다간 눈에 거슬리니 가능하다면 밖에 있어 주길 바란다.

○

처음에는 '벌레가 하나도 없네'라고 생각했지만 '없기는 무슨, 주변에 이렇게 많구먼' 하고 마음을 고쳐먹게 된 사건이 있었다. 도쿄로 이사를 오고 한 달 남짓 지난 9월의 일이었다.

나는 아침부터 세탁기가 도착하기를 기다리고 있었다. 야쿠시마섬에서의 원숭이 조사를 계기로 20년 넘게 알고 지내온 후쿠짱이라는 친구가 세탁기를 물려준 것이다. 게다가 "어차피 해외 부임 때문에 이것저것 처분해야 하니까 가전제품용 택배로 보내줄게~"란다. 정말이지 하느님, 부처님이 따로 없다.

베란다는 비워두었다. 현관에서 시작되는 반입로도 확보 완료. 하나씩 차분하게 확인해볼 요량으로 베란다를 살펴보았더니 그곳에서 벌레들의 행렬이 굼실굼실 밀려드는 중이었다.

베란다 난간 위를 꼼지락거리며 이동하는 털벌레들의 무리. 털벌레를 딱히 좋아하지는 않지만 이렇게까지 한데 모여 굼실대고 있으면 그저 웃음만 나올 뿐이다. 옆방 쪽에서 나타나 내 방 앞을 가로지르는 중인 듯하다.

긴 회색털이 난 전형적인 털벌레다. 얼굴은 오렌지색에 가깝다. 등에도 비슷한 색깔의 줄이 그어져 있다. 매미나방일까. 하지만 얼굴이 조금 다른걸. 사실 얼굴처럼 보이는 것은 앞가슴 부분에 그려진 무늬로, 매미나방은 처진 눈썹같이 생긴 두 줄의 선으로 난감하다는 듯한 표정을 짓고 있다. 이 녀석은 선 없이 그냥 오렌지색이다. 그 뒤쪽에 목도리처럼 긴 털이 나 있다. 어디 보자, 이 녀석은 대체 뭘까.

믿는 구석이라도 있는지 약간 간격이 벌어지더라도 뒤따르는 털벌레들은 선두 집단을 정확히 따라간다. 옆길로 빠지는 개체도 있지만 잠시 헤맨 뒤에 '아, 여기구나' 하고 본대로 빠짐없이 돌아온다. 역시나 집합을 유지하기 위해 무슨 페로몬이라도 사용하는 걸까. 개미와 마찬가지로 역주행하는 녀석이 한 마리 있었는데, 여기서 흐름이 흐트러지고 있다. 어디에나 별난 녀석은 있는 법이다.

그건 그렇고, 방이 배치된 형태 때문에 난간은 여기서 끝난다. 그 앞쪽은 벽이다. 어떡할 셈일까. 너희들의 목적지인 벽 근처에 세탁기를 둬야 하니 그쪽에 머무르지는 말아줬으면 하는데.

그 바람이 통했는지 털벌레 무리는 벽에 도달하고 잠시 우왕좌왕하더니 단체로 벽을 기어올랐다. 위층 주민은 난데없이 베란다에 나타난 털벌레의 대군에 기겁할지도 모르지만, 뭐, 너무 험하게 다루지는 말라고.

이렇게 하여 벌레들의 대행진은 약 30분 만에 끝났다. 남은 문제는 녀석들의 정체였다.

곤충도감을 펼쳐서 유충을 찾아본다. 털벌레라 하면 보통은 나방의 유충이라고들 생각하지만 나비와 나방은 생물학적으로 별반 차이가 없으니 나비 유충일 수도 있다. 물론 저런 대군이라면 아마도 나방일 것이다.

매미나방…… 닮았다. 하지만 발생 시기는 5월부터 6월이다. 가을은 아니다. 톱날버들나방…… 이것도 전혀 다르게 생겼다. 매미나방의 일종일까.

아하, 이거군. 무늬도 색도 똑같다. 발생 시기도 4월부터 10월까지 1년에 두 번 발생하니 정확히 지금이 두 번째로 발생할 시기다. 게다가 어디서 많이 본 녀석이다 했는데, 아주 대중적인 나방이었다.

차독나방이었어!

한자로 쓰면 '茶毒蛾'인데, 색깔이 차색이라는 뜻이 아니라 차나무에 생기기 때문에 붙은 이름이다. 차나무 뿐 아니라 그 친척인 동백나무나 애기동백에도 생긴다. 그리고 보니 아파트 뒤쪽 구석에 동백나무가 심어져 있었으니 거기서 자랐겠구만—. 툇마루까지 올라오기도

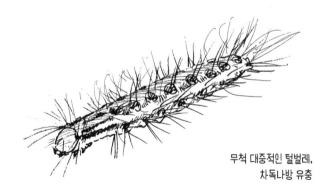

무척 대중적인 털벌레,
차독나방 유충

하다 보니 독나방 중에서도 찔리는 피해가 가장 많은 녀석이다. '찌른다'고 표현하지만 실제로 해를 끼치는 것은 몸에 북슬북슬 자라난 털이 아니다. 독침모라고 하는 가느다란 털이 있는데, 이 털이 들러붙어서 가려운 거였다. 쉽게 빠지기 때문에 지나간 자리에도 남았을 가능성이 높다. 떨어진 독침모에 닿아도 당연히 간지럽다.

저 베란다 난간, 이불 널어두는 곳인데.

나는 황급히 양동이에 물을 담아 난간부터 시작해 베란다 전체를 씻어 내렸다.

세탁기는 무사히 도착해 설치되었지만 그 뒤로 며칠 동안 몸이 괜히 간지러웠는데, 단순한 착각이었을까.

만화 등에서 묘사하는 모습과 달리 실제
까마귀는 대부분 부리가 거무스름합니다.

후기를
대신해

○                                     푸　나
　　　　　　　　　　　　　　　　　　르　의
　　　　　　　　　　　　　　　　　　렀　고
　　　　　　　　　　　　　　　　　　다　향
　　　　　　　　　　　　　　　　　　　　은



　버스 계단에서 뛰어내리면 메밀국숫집 주방에서 흘
러나오는 미지근한 물과 희미한 진흙 냄새. 그것이 어린
시절 '익숙한 버스 정류장'의 풍경이었다. 표구점, 공중
전화가 있고 할머니가 가게를 지키는 담뱃가게, 언제나
제비 둥지가 있는 집, 야채가게, 길모퉁이에 있는 커다
란 바위, 머위가 자란 돌담, 치과 병원…… 자, 이제부터
시작이다.

　사택이나 관사로 보이는 공동주택 같은 건물 앞에 심
어진 탱자나무. 이 뾰족뾰족한 관목 사이에는 당연히 녀

석이 있다. 그렇다, 호랑나비 유충이다. 콕콕 찌르면 오렌지색 뿔이 쭉 늘어나는 재미난 녀석이다. 살짝 독특한 냄새 때문에 구린내가 난다는 친구들도 있었지만 내게는 딱히 지독하게 느껴지지 않았다.

그다음 길모퉁이부터는 길가 쪽 수로가 재미있어진다. 콘크리트로 굳힌 배수구가 아니라 돌담으로 둘러싸여 있으며 풀이 자라나 있다. 바닥도 모래와 자갈이다. 조금 걸어가다 보면 돌다리가 보이고 건너편은 낮은 토담으로 둘러싸인 논이다. 그 정경을 힐끔 쳐다보고는 돌담 주변의 수로를 들여다본다. 수로라고는 해도 폭은 60센티미터 정도로, 바위 때문에 곳곳에 낙차가 생긴 이런 곳에는 '용소(龍沼)'가 형성되어 있는데, 바위 밑 움푹 팬 곳에는 필히 민물게나 미꾸리, 밀어가 살았다. 물속의 돌담 사이에는 커다란 집게발을 번쩍 치켜든 붉은가재, 즉 새빨간 미국가재도 있었다. 꼬집는 힘이 센 붉은가재지만 위쪽에서 손을 내밀면 '어때! 이래도 해볼 테냐!' 하고 집게발을 치켜들다 너무 몸을 젖힌 바람에 발라당 뒤로 자빠진다. 녀석이 바둥거리며 일어나려고 할 때 냉큼 붙잡는 것이 비결이었다. 뒤에서 엄지와 검지로 가슴 부분을 잡으면 더 이상 집게발이 닿지 않는다. 치켜든 집게발을 세 손가락 사이에 끼워서 잡으면 멋지긴 하지만 실패했다간 험한 꼴을 보게 된다.

유치원생에서 초등학생 때는 근방에서 잡은 가재를 투명한 수납함에 넣고 기른 적도 있었다. 수납함이 크다고 겁 없이 가재를 너무 많이 집어넣은 탓에 참으로 딱한 사태가 벌어졌던 기억이 난다. 녀석들은 성미가 사나운 데다 서로 잡아먹기도 하므로 밀도가 지나치게 높아졌다간 좋을 것이 없다.

하지만 어린아이에게는 최고의 놀이 상대이기도 했

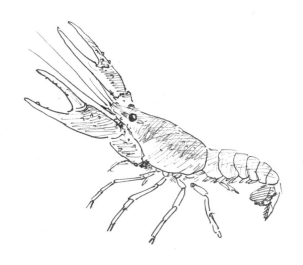

집게발을 치켜든 미국가재

다. 갓 탈피를 마쳐 말랑말랑한 가재를 집었을 때의 징그러운 촉감, 배 밑에 새끼를 품은 암컷 가재의 불안해하는 모습, 모두 가재와 놀면서 경험한 것이었다. 가재를 붙잡아 휙 뒤집어보니 배 밑에는 작은 가재가 가득했다. 자칫하면 툭 떨어뜨리기 십상이지만 한편으로는 '동물이 자식을 지키는 모습'을 눈앞에서 보게 되는 순간이기도 하다.

　여기서 삼거리를 지나 언덕을 올라가면 매미가 우는 작은 신사가 나온다. 돌담에는 도마뱀이나 거미가 있고, 신사의 경내로 들어가면 땅거미도 아주 많았다. 널찍한 신사 앞마당은 소나무로 둘러싸여 있어 매미를 잡기에 딱 좋은 장소이기도 했다. 당시는 유지매미와 털매미, 곰매미가 많았는데, 조금 더 산으로 들어가면 민민매미도 있었다. 날마다 신사 안을 지날 때면 왜애애애앵! 하고 주변의 나무에서 쏟아지는 곰매미의 초음파 공격을 받고는 했다.

　신사와 절 근처, 민박집 앞에는 하니와(3세기부터 6세기에 걸쳐 일본에서 제작된 점토 인형으로, 순장 풍습을 막기 위해 산 사람 대신 점토 인형을 묻어놓은 것이 하니와의 기원이라고 한다-옮긴이)가 세워져 있었다. 아이를 업은 어머니의 모습으로, 진품이 아니라 그럴싸하게 만든 복제품이었으리라. 이 통칭 '하니와집'을 지나면 풍경이 돌변한다.

눈앞에 펼쳐진 논, 그 너머에는 가스가오쿠산이 나란히 줄지어 있다. 저수지의 제방 앞에 늘어선 집 몇 채. 그곳이 나의 고향집이었다. 이곳으로 나오면 여름에도 산에서 바람이 휘잉 불어와 산촌의 기운을 전해준다. 철들 무렵, 여기서부터는 길이 포장되어 있지 않았기에 택시도 길이 나쁘다며 들어오지 않을 때가 있었다. 여기는 외할아버지 대에 이사를 온 곳으로, 때마침 논 한 귀퉁이가 매물로 나와 있었던 모양이다. "여기가 좋겠다"라고 주장한 사람은 외할머니였다고 한다. 어머니는 지금도 "그때는 우리 엄마치고 감이 좋았지"라면서 웃고는 한다.

여기서부터 집까지는 빠르게 걸으면 2분. 하지만 뭐하러 아깝게 그런 짓을 하겠나. 이 앞으로는 돌담과 논이 지천에 가득한데.

사마귀. 메뚜기. 무당벌레. 풍뎅이. 발견하면 무심코 잡고 싶어지는 벌레가 얼마든지 있었다. 길가 풀숲 사이를 장지뱀이나 도마뱀이 빠르게 기어간다. 검고 누런 줄이 그어져 있으며 꼬리가 무지갯빛인 녀석은 새끼 도마뱀이다. 성장하면 번들번들한 윤기가 감돌고 옅은 갈색과 적갈색의 투톤 컬러로 변한다. 윤기가 없는 마른풀색인 장지뱀은 도마뱀보다 훨씬 늘씬한 체형으로, 꼬리가 길게 쭉 뻗어 있으며 재빠르다. 둘 다 붙잡기는 어렵지만 용케 붙잡는 데 성공하거든 기분이 좋아진다. 특히 장지뱀은 작은 공룡 같아서 멋지다.

돌담에서는 종종 뱀과 마주치기도 했다. 대개는 유혈목이나 줄무늬뱀이지만 구렁이가 나올 때도 있었다. 논두렁에도 뱀이 무척 많은데, 수로 주변에는 대륙유혈목이가 모습을 드러내기도 했다. 여름이면 날마다 뱀을 찾아 돌아다니던 곳이다. 물론 잡아서 구경하려고. 다 봤으면 놓아준다.

이 부근은 내 '구역'이었다. 수로 속 구덩이에 놓인 바위 하나, 돌담 사이에 난 구멍 하나까지 모두 머릿속에 새겨져 있다. 이 구멍은 전에 유혈목이가 나왔던 자리, 이쪽은 커다란 밀어가 있던 자리. 여기는 줄무늬뱀이 짝짓기를 하던 곳. 여기는 지네가 튀어나왔던 자리. 이쪽은 황소개구리가 있던 곳.

초여름이면 수로에서는 반딧불이가 모습을 보인다.

이 일대의 용수로는 계곡에서 물을 끌어 쓰고 있기에 반딧불이까지 함께 흘러드는 것이다.

아버지는 이따금 집에 돌아오자마자 불을 끄더니 "선물이다" 하고 씩 웃으며 오른손 주먹을 내밀고는 했다. 주먹 쥔 손가락 사이에서 푸르스름한 불빛이 깜빡였다. 귀갓길에 반딧불이를 잡아온 것이다. 한참을 바라보고 나면 어두컴컴한 논에 풀어주었다.

논 위쪽은 온갖 잠자리로 가득하다. 밀잠자리, 노란허리잠자리, 왕잠자리, 개미허리왕잠자리, 부채장수잠자리……. 여름방학 때면 앞마당은 장수잠자리의 순회 코스가 되기도 했다. 아침마다 정해진 시간에 장수잠자리가 열린 창문을 통해 안으로 들어와서는 한 바퀴 돈 다음에 다시 밖으로 나간다. 잠자리채를 휘둘러서 잡기도 했지만 장수잠자리는 조금 버거운 상대다. 가시처럼 딱딱한 털이 자란 발은 만지면 따가울 정도였고, 화가 난 녀석에게 꽉 깨물렸다간 정말 아프다.

고향집을 통과하면 억새와 양미역취가 우거진 저수지 제방이 나온다. 꾸르르르르륵— 하고 소리를 내는 녀석은 물 위를 헤엄치는 논병아리다.

제방 위는 자주 지나다녔지만 연못 그 자체는 좀처럼

정해진 시간에 방을 순회하는
장수잠자리

다가가기 어려웠기에 친근하면서도 비밀스러운 장소였
다. 연못에서는 비단잉어가 헤엄치는 모습도 보였지만
놓여 있는 팻말에 따르면 아무래도 잡아서는 안 될 듯했
다. '여기서 물고기를 자브면 경차레 신고한다'라고 쓰
여 있었기 때문이다.

　물론 수로를 따라 몰래 물가에 숨어들어서 물고기를
노린 적은 있었다. 아니, 잉어를 훔치러 간 건 아니다.
가을에 연못물을 흘려보냈을 때만 간혹 수로에서 모습
을 드러내는 수수께끼의 망둑엇과 물고기의 정체를 알
고 싶었기 때문이다. 수로에 바글바글한 작은 망둑어(아
마도 담수망둥이)와는 전혀 달라 보이는 물고기였다. 전

수로에 바글바글했던 담수망둥이

체 길이가 10센티미터는 되었고, 아래턱을 내민 뻔뻔한 얼굴과 잡았을 때 살짝 까끌까끌한 비늘을 지닌 물고기였다.

좀처럼 보기 힘든 이 녀석이 과연 저수지에 갇힌 채 크게 자란 담수망둥이인지, 아니면 전혀 다른 종류인지 한번 낚아서 확인해보고 싶었다. 그래서 녀석을 낚기 위해 철사를 구부리고 불에 달군 끄트머리를 뾰족하게 세워서 자그마한 전용 낚싯바늘부터 만들었다. 결국 아무것도 낚이지 않았지만.

저수지 건너편에는 논이 있다. 계곡 쪽으로 가보면 휴경지도 있어서인지 곧잘 꿩이 눈에 띄었다. 수꿩이 꿩! 꿩! 하고 울며 날개를 퍼덕여서 요란하게 날아오른 뒤에 조용히 반대 방향으로 날아가는 암꿩의 모습도 보았다. 풀숲에서 고개만 쏙 내민 꿩도 이따금 눈에 띄었다. 처음에 노랑턱멧새를 본 곳도 이 부근이었나, 아니면 계곡 건너편이었던가.

논에는 다양한 생물이 살았다. 물속의 진흙을 걷어차서 작은 흔적을 남기며 도망치는 녀석은 투구새우다. 소금쟁이가 헤엄치는 수면을 자세히 들여다보면 수면 '맞은편'에 매달린 듯한 송장헤엄치개도 있었다. 송장헤엄치개는 수면 바로 밑에 거꾸로 매달린 채 노처럼 긴 뒷다리를 이용해 능숙하게 헤엄을 친다. 그 옆에 있는, 얼핏 보면 투명한 물고기 같은 녀석은 풍년새우다. 납작하고 얄팍한 벌레들은 물방개 무리다. 물땡땡이나 물자라도 흔했다. 물 밑바닥에서 꼼지락대는 새까만 음표 같은 녀석은 당연히 올챙이다. 가끔은 논 구석에서 젤리 형태로 휘감겨 있는 물컹물컹한 개구리알을 발견할 때도 있었다. 슬쩍 만져본 적도 있었지만 식은 목욕물처럼 미지근해진 얕은 물속에서 느껴진 물컹한 촉감은 조금 징그러웠다.

그렇다, 개구리 정도야 얼마든지 있었다. 참개구리가 가장 많았지만 회갈색에 얼굴이 뾰족하며 등에는 나란히 융기선이 그려진 옴개구리, 옴개구리를 닮았지만 훨씬 동그란 늪개구리도 있었다. 논 안에서는 다양한 크기의 개구리가 헤엄을 쳤고, 개구리밥을 붙인 채 벼 밑동에서 고개를 쏙 내밀었다. 수면에 고개만 내놓고 떠 있는 개구리의 축 늘어진 앞다리와 얼빠진 얼굴은 지금도 무척 좋아한다.

밤이 되면 개구리가 단체로 합창을 시작한다. 집 주변은 모두 논이었으므로 사방에서 개구리의 목소리가 날아든다. 아직까지도 '은피리'라는 동요와 함께 그때 들었던 개구리의 합창이 떠오르는데, 돌이켜보면 '개굴개

어디서나 볼 수 있었던 참개구리

굴 개굴개굴 우는 피리'라는 가사처럼 만만한 수준이 아니었다. 꽤액꽤액개굴개굴뀨욱뀨욱끄악끄악, 하고 경쟁하듯이 울어대는 통에 여차하면 텔레비전 소리까지 묻혀버린다. 여기에 저수지에서 사는 황소개구리의 머어! 머어! 하는 중저음이 섞인다.

앞마당에도 청개구리가 무척 많았다. 여름날 저녁, 어머니가 오이절임을 만들려고 오이를 썰기 시작하자, 통통통통…… 하는 리드미컬한 소리에 맞춰 창밖에서 깍깍깍깍, 하고 청개구리가 우는 것이었다. 그때는 오이절임이 맛있게 느껴지지 않았지만 지금은 "일단 오이절임이라도 해볼까"라고 할 만큼은 좋아한다. 오이절임을 만들며 고향집 부엌에 서 있던 어머니의 뒷모습과 식탁 구석이라는 '지정석'에 앉아서 물을 탄 소주를 마시던 아버지의 모습도 떠오른다. 참고로 전혀 기억은 나지 않지만 요리 흉내를 내고 싶어 하던 내게 작은 도마와 과도, 오이를 하나 건네주자 어머니의 발밑에 쭈그려 앉아 오이를 마구 자르며 놀았던 적도 있단다.

내가 고등학교에 올라갔을 무렵, 저수지는 메워져 흔적조차 모두 사라졌고, 인근의 논도 함께 갈아엎어지며

학교로 변했다. 집 주변의 수로는 모두 콘크리트로 굳혀졌다. 그 김에 계곡도 꼼꼼하게 정비되었다. 남은 논도 이윽고 물이 빠지면서 채소밭이 되었고, 임대 농원으로 변했으며, 하나둘 분양되어 주택지와 자재창고로 바뀌어갔다. 추수가 끝나고 두꺼비와 시궁쥐가 처절한 한판 승부를 벌였던 논에는 최근 양로원이 들어섰다. 간신히 수로에서 살아남은 반딧불이들이 "방범용으로 특별히 밝은 조명을 설치했습니다!"라며 주민회장이 자랑하던 가로등에 결정타를 맞은 때가 얼추 20년 전이다. 반딧불이는 빛을 이용해서 암컷과 수컷이 서로를 부르기 때문에 주변이 밝으면 번식하지 못한다.

돌담도 사라지고 개구리도 사라진 곳에는 뱀도 살 수 없다. 최근 뱀이 나오는 계절에 귀성한 적은 거의 없지만 귀성했다 한들 뱀과는 더 이상 마주치지 못하리라. 뭐, 그럼에도 집에 들쥐(생쥐 아니면 애기붉은쥐 중 하나)가 정착했을 때는 어디선가 구렁이까지 나타나 방 한가운데에서 똬리를 틀기도 했지만…… 그마저도 15년이나 지난 일이다. 지금은 모른다.

귀갓길의 탱자나무가 사라지고 주차장으로 변하면서 호랑나비를 볼 일도 줄어들었다. 낡은 집들이 새로 지어

지면서 제비집도 줄었다. 까마귀가 먹어치워서가 아니다. 까마귀의 수는 오히려 줄고 있다. 논도 없는 장소에는 제비집의 재료가 될 진흙이 없고, '오염에 강한' 요즘 벽에는 제비집의 재료인 진흙을 붙이기도 어려우리라. 제비의 먹이가 될 곤충도 없다.

이 길은 나라시대 이전부터 이어져온 오래된 길인 '야마노베 길'의 일부다. 하지만 어느 누가 먼 옛날 아스카시대의 기억을 떠올릴 수 있겠는가? 고작 40년 전의 모습조차 잃어버린 장소에서? 제비도, 잠자리도 날지 않고 개구리도 울지 않는 땅을 두고 어떻게 '야마토는 보배로운 땅(일본의 역사서 《고사기》에 실린 대목으로, 야마토는 현재의 나라현에 해당한다-옮긴이)'이라고 말할 수 있을까? 대체 이곳은 어디인가?

귀성할 때마다 내가 돌아가야 할 곳을 반쯤 잃어버린 듯한, 그런 기분이 든다.

까마귀는 고기부터 과일까지 다양한 먹이를
먹습니다.

# 손바닥만 한 땅이나
# 작은 나무부터

밀양 농부

## 그 많던 생물은 다 어디로 갔을까?

책에 나오는 생물의 숫자를 손꼽아 보니 오십을 왔다 갔다 한다. 어린 시절을 자연에서 보내고 지금은 까마귀 박사이기도 하니 저자가 실제로 봤던 생물은 그보다 훨씬 많을 테다. 부러운 마음에 책을 덮고 지금껏 만났던 생물을 떠올려 봤다. 그러다 몇 해 전인 도시의 삶에 이르렀을 때 그 숫자는 급격히 떨어졌다. 비둘기, 참새, 모기, 쥐, 개미, 바퀴벌레…. 관심이 부족했던 탓도 크겠지만 더는 손에 꼽을 만한 생물들이 떠오르지 않았다.

눈앞에서 사라진 생물들은 우울한 통계를 남겼다. 육상 척추동물의 총 몸무게 중 사람이 차지하는 비중은 30퍼센트, 사람이 기르는 가축의 비중은 67퍼센트다. 야생 척추동물은 단 3퍼센트에 불과하다. 독일 자연보호 구역을 조사한 한 연구에 따르면 불과 25년 사이에 날벌레 개체 수가 4분의 3 감소했다. 충돌 사고로 죽는 새가 미국에서만 연간 10억 마리에 달하며 로드킬을 당하는 이 땅의 동물은 또 어떤가.

레이첼 카슨이 쓴 환경 분야의 고전 《침묵의 봄》은 말 그대로 노래하는 새들이 사라진 을씨년스러운 풍경에서 비롯됐다. 지금은 그런 문제를 알려줄 만한 생명체를 주변에서 찾기조차 힘든 지경이다. 침묵을 채우는 건 사람들이 만들어 낸 소리뿐.

## 경이로운 마주침의 순간

'돌아보니 녀석이 있었다.' 제목 중 하나인 이 문장이 내내 마음에 남았다. 마당까지 내려온 새를 관찰하러 숨을 죽이고 다가가는 모습, 우연히 마주친 족제비나 너구리가 힐끔힐끔 뒤를 돌아보며 사라지는 풍경, 앞을 가늠하기 힘든 폭설 속에서 나이 많은 사슴과 마주치는 순간에는 애니메이션의 한 장면이 머릿속에 그려지기도 했다. 그뿐 아니라 물속 괴물인 가물치와의 조우나 영원한 화제인 장수풍뎅이와 사슴벌레의 싸움 등 저자가 내놓는 마주침의 장면마다 경이로움이 샘솟았다.

경이로운 이유는 분명하다. 그런 장면을 만나기가 쉽지 않다는 사실을 알기 때문이다. 도시에서 시골로 내려와 농사를 지은 지 4년째에 접어든다. 시골에서도 오지축에 드는 곳이라 야생동물의 존재를 확인할 때가 많다. 그들을 봤다고 말하지 못하고 존재를 확인한다고 표현할 수밖에 없다. 두더지가 논둑을 파헤쳐서 오늘도 보수하느라 삽질을 했고, 하룻밤에 닭장의 닭 열댓 마리를 족제비가 다 물어 죽인 적도 있다. 그런데도 그들을 직접 내 눈으로 확인하지 못했다. 흔적이 분명하다 해도 그 존재를 확인하기가 쉬운 일은 아니기 때문이다. 돌아보니 녀석이 있었다는 말이 얼마나 대단한지 그 누구보다 절실히 느껴지므로 경이롭다는 마음이 자연스레 피어오른다.

참, 안타깝게도 존재를 확인할 수 있는 대부분은 살아서가 아니라 주검인 채다. 약을 먹고 죽은 까마귀, 사살된 멧돼지처럼. 최근에는 로드킬을 당한 삵을 봤는데 한

동안 자리를 뜨지 못했다. 주검인 채로도 그 크기와 문양에서 풍기는 분위기가 대단해서다. 살아 있는 녀석의 모습을 보고 싶다는 생각이 간절했다.

## 사라지는 풍경과 쓸쓸한 시선

저자는 집으로 돌아가는 길을 거닐며 푸르렀던 고향의 풍경을 떠올린다. 눈에 보이는 곳곳마다 그간 마주쳤던 생물과의 추억이 가득하다. 그러다 어느 시점, 저수지가 메워지고 논을 갈아엎고 수로를 콘크리트로 굳혀 버린 뒤로는 기억마저 쓸쓸하게 변해 버렸다. 그러곤 돌아가야 할 곳을 반쯤 잃어버린 듯하다는 안타까운 심정을 전한다.

풍경이 사라질수록 저자의 기록은 중요해진다. 수도권이나 지방 할 것 없이 어느 곳이든 사람이 집중되는 곳은 모두 도시화로 이어진다. 도시가 커질수록 이런 풍경을 만날 기회도 사라지고 만다. 동물원이나 식물원을 찾아야 생물을 만날 수 있는 것처럼 이제 책을 펼쳐야 구경할 수 있는 특별한 일이 되지 않을까. 역설적이게도 이 기록은 저자의 아주 일상적인 이야기 모음집인데 말이다.

무엇보다 사람에겐 관찰의 기회 정도지만 생물들에겐

삶의 터전이 사라진다는 사실이 더 치명적이다. 도시만의 이야기도 아니다. 인구 감소와 지방 소멸의 위기를 마주하는 요즘은 오히려 시골에서 개발의 바람이 더욱 거세다. 일할 사람이 없다는 현실을 타개하기 위해 점점 더 콘크리트나 아스팔트가 늘어난다. 깊은 산골짜기에도 거대한 기계의 굉음이 산을 깎고 나무를 뽑아 대는 중이다. 인기척이 사라진 어딘가에서는 생물들이 잘 살아가지 않을까 하는 섣부른 기대조차 쉽게 내뱉을 수 없는 이유다.

## 손바닥만 한 땅이나 작은 나무부터

그렇다고 모든 사람이 깊은 산속에 들어가 생물을 보듬고 자연인처럼 살아갈 수는 없다. 귀농이나 귀촌도 한 손으로는 생태를 지키는 동시에 다른 한 손으로는 이를 파괴하는 일이 될 여지가 많다. 4년간의 시골살이를 떠올려 보면, 성공적으로 삶터를 바꾼다 한들 생물을 대하는 세심하고 친밀한 눈길 없이는 이런 관찰기를 쓸 만한 경험조차 쉽지 않은 듯하다.

돌이켜 보면 도시든 시골이든 어디서나 손바닥만 한 땅, 작은 나무 한 그루는 발견할 수 있었다. 작아서 관

찰하기 더 좋은, 사람이 많은 곳일수록 생물에겐 더 소
중한 공간을 지금까지 너무나 쉽게 지나치지 않았을까?
저자는 나무 한 그루, 화단 하나도 곤충에게는 꽤나 거
대한 세계라 말한다. 곤충이 있으면 공생하거나 포식하
는 다른 생물이 꼬일 수도 있다. 어쩌면 내 작은 능력으
로 한 손바닥만 한 땅을 두 손바닥 정도 크기로 넓히는
일도 가능했으리라.

　원고를 읽기 시작하면서부터 새들의 먹이를 내놓기
시작했다. 그전까진 쌀자루를 탐내는 녀석들과 신경전
을 계속 벌일 뿐이었다. 계란을 훔쳐 가는 까마귀에게
돌을 던지기도 했는데 만만한 상대가 아니라는 사실도
알게 됐다. 하루는 난생처음 듣는 소리가 울려 퍼졌다.
높고 가늘고 날카로웠는데 새소리라기엔 뭔가 이상했
다. 소리를 따라 십여 미터 올라가 보니 덤불숲에서 갑
자기 그림자 두 개가 아래로 튀어 나갔다. 몇 초간 멍했
지만 그 정체는 분명히 알 수 있었다. 담비였다. 지금은
최상위 포식자로 분류되는데 이들의 존재는 하위 생태
계가 살아 있음을 증명하기도 한다. 모습을 감추는 담비
를 보며 앞으로도 숨바꼭질할 만한 녀석이 많은 듯해 슬
며시 웃음을 지었다.

KARASU SENSEI NO HAJIMETE NO IKIMONO KANSATSU

Copyright © Hajime Matsubara, 2018

Korean translation rights arranged with OHTA PUBLISHING COMPANY

through Japan UNI Agency, Inc., Tokyo and KOREA COPYRIGHT CENTER, Seoul

# 돌아보니
# 녀석이 있었다

## 까마귀 박사의 생물 관찰기

**초판 1쇄 발행** 2020년 5월 15일

**지은이** 마쓰바라 하지메
**본문 일러스트** 마쓰바라 하지메
**표지 그림 및 4컷 만화** 이즈모리 요
**옮긴이** 곽범신
**편집** 밀양 농부, 한정윤
**펴낸이** 정갑수

**펴낸곳** 열린과학
**출판등록** 2004년 5월 10일 제300-2005-83호
**주소** 06691 서울시 서초구 방배천로6길 27, 104호
**전화** 02-876-5789
**팩스** 02-876-5795
**이메일** open_science@naver.com

ISBN 978-89-92985-74-1 (03490)

**잘못 만들어진 책은 구입하신 곳에서 바꾸어 드립니다.**
**값은 뒤표지에 있습니다.**

이 도서의 국립중앙도서관 출판예정도서목록(CIP)은 서지정보유통지원시스템 홈페이지 (http://seoji.nl.go.kr)와 국가자료공동목록시스템(http://www.nl.go.kr/kolisnet)에서 이용하실 수 있습니다.(CIP제어번호: CIP2020018338)